AF357494

TRAITÉ

DES PIERRES PRÉCIEUSES,

DES PORPHYRES,

GRANITS, MARBRES, ALBATRES,

ET AUTRES ROCHES

PROPRES A RECEVOIR LE POLI ET A ORNER LES MONUMENS
PUBLICS ET LES EDIFICES PARTICULIERS;

SUIVI DE LA DESCRIPTION DES MACHINES DONT ON SE SERT POUR TAILLER, POLIR
ET TRAVAILLER CES PIERRES;

ET D'UN COUP D'OEIL GÉNÉRAL SUR L'ART DU MARBRIER;

OUVRAGE UTILE AUX JOAILLIERS, LAPIDAIRES, BIJOUTIERS; AUX
ARCHITECTES, DÉCORATEURS, etc., etc.

ORNÉ DE PLANCHES.

PAR C. PROSPER BRARD,

ATTACHÉ AU MUSÉUM D'HISTOIRE NATURELLE.

SECONDE PARTIE.

PARIS,

CHEZ F. SCHOELL, LIBRAIRE,
RUE DES FOSSÉS SAINT-GERMAIN-L'AUXERROIS, N.º 29.

1808.

DEUXIÈME PARTIE.

DES ROCHES.

DEUXIÈME PARTIE.

ROCHES

QUI SONT SUSCEPTIBLES DE RECEVOIR
LE POLI.

PREMIÈRE DIVISION.

ROCHES DURES.

(Roches qui font feu avec le briquet.)

Nous réunissons, sous le nom de *roches*, toutes les pierres qui se trouvent en grandes masses dans la nature, et qui sont susceptibles de faire partie de la décoration des monumens publics ou particuliers, soit par la beauté de leurs couleurs, soit par le poli brillant que la finesse de leur grain leur permet de recevoir.

Tels sont les *porphyres*, les *granits*, les *marbres*, les *albâtres*, etc. Plusieurs de ces roches sont *homogènes*; mais la plupart sont formées par l'assemblage de deux ou trois substances, cimentées par une espèce de pâte, comme dans les *porphyres*; ou réunies par leur propre adhésion , comme dans les *granits*.

Nous avons partagé cette longue série en deux grandes divisions.

La première contient les *roches dures* , c'est-à-dire toutes celles qui sont susceptibles de recevoir le poli, d'étinceler sous le choc du briquet, et qui ne font aucune effervescence avec l'acide nitrique , ce qui comprend les *porphyres* , les *granits* , etc.

La deuxième renferme, au contraire, toutes les roches qui sont assez tendres pour se laisser rayer par une pointe de fer , ce qui embrasse tous les *marbres*, tous les *albátres* et toutes les *serpentines*.

De plus, nous avons formé un appendice , qui est composé de toutes les matières qui sont rejetées par les volcans et qui sont susceptibles d'être polies ou scupltées.

Il est inutile de rappeler quels sont les usages multipliés des roches; on sait assez combien les anciens en faisoient cas, et avec quelle profusion ils en ornoient les temples de leurs divinités, ou les monumens qu'ils élevoient aux grands hommes de leur temps.

De nos jours , nous employons aussi les roches à des usages à-peu-près semblables ; mais malheureusement nous ne mettons point antant de choix dans les matériaux avec lesquels nous construisons nos édifices ; ensorte que nous voyons à chaque instant des monumens naguères construits et déjà mutilés ; tristes avant-coureurs de leur destruction prochaine !

Les anciens Egyptiens avoient bien senti l'importance qu'il y a de construire avec des matériaux durables ; aussi la plupart de leurs statues sont en *granit* ou en *porphyre*, deux substances qui ont le double avantage de résister aux intempéries de l'air et à la cupidité des hommes, dans les momens de trouble et de révolution.

I. PORPHYRES.

Les porphyres sont composés d'une pâte trappéenne, qui renferme des cristaux de feld-spath, plus ou moins prononcés, dont la couleur tranche ordinairement sur celle du fond, et dont la longueur varie, depuis une jusqu'à 6 et 9 lignes.

La base des porphyres a été regardée, pendant long-temps, comme un jaspe ; mais depuis qu'on s'occupe plus sérieusement de l'étude des *roches*, on s'est assuré, par des expériences réitérées, que cette espèce de ciment n'est qu'un trapp ou un feld-spath compacte, surchargé de fer ; et comme cette pâte fond au chalumeau, elle se distingue très-nettement des jaspes qui sont absolument infusibles.

Les porphyres sont généralement durs, et reçoivent un beau poli ; leurs couleurs sont trèsvariées ; mais elles tirent toujours sur des nuances foncées, ce qui tient au grand degré d'oxidation du fer dont leur base est colorée ; il devient même quelquefois si abondant, qu'il manifeste sa présence par des attractions sur le barreau aimanté.

Cette roche se trouve en grandes masses dans

la nature, elle fait partie des Alpes, des Pyrénées, et en général de ces chaînes de montagnes qui coupent, en divers sens, le sol de la France, de l'Allemagne, de l'Italie, de l'Espagne, etc.

Les porphyres sont très-propres à la construction, aussi ont-ils été employés avec profusion par les anciens; nous citerons plusieurs de leurs monumens, qui sont exécutés avec cette roche.

VARIÉTÉS.

I. PORPHYRES NOIRS (1).

Porphyres noirs antiques. (Porfido nero antico.) (2).

Le beau porphyre noir antique offre une pâte d'un noir foncé, avec de grands cristaux de feld-spath d'un blanc laiteux; il y en a aussi à petits cristaux; mais il est moins estimé.

---

(1) Dans la couleur des porphyres on considère seulement celle de la pâte et l'on fait abstraction des taches.

(2) Les porphyres antiques sont ceux qui ont été employés par les anciens, ou ceux dont les carrières sont perdues pour nous.

Ferber dit que ce dernier est employé à *Rome* ; mais les carrières de l'un et de l'autre sont tout à fait perdues.

Porphyre noir des Vosges.

Il se trouve à Framont, et en blocs roulés dans l'Ill. (Graffenauer, pag. 280 de sa minéralogie d'Alsace.)

Porphyre noir de Corse. Ses cristaux sont lavés d'une légère teinte verdâtre.

Porphyre noir de Sardaigne. (Ferber.)

Porphyre noir des environs de Genève.
(Saussure, § 156.)

Ce porphyre est d'un beau noir, opaque, et offre à sa surface des taches moyennes et blanches, qui sont dues à des cristaux de feld-spath, et à des grains de quartz.

Porphyre noir de Sibérie.

Il est d'un noir peu intense ; il renferme des cristaux de feld-spath blanc, et des grains de quartz bien distincts.

Ce porphyre est très-rare : on en voit un socle dans la collection de M. Dedrée, et une belle plaque dans le cabinet de M. Faujas.

II. PORPHYRES VERTS.

Porphyres verts antiques. (Ophytes ou Serpentins des anciens.)

La base de ce porphyre est d'un vert *olive*, qui passe au vert foncé, même au vert noirâtre; elle renferme des cristaux de feld-spath d'un blanc légèrement verdâtre, d'une grandeur moyenne; il s'y trouve aussi, mais accidentellement, de petites calcédoines rougeâtres.

On croit que les anciens tiroient ce beau porphyre des montagnes qui bordent la mer Rouge du côté de l'Egypte; mais il s'en trouve de parfaitement semblable dans différentes parties de la Corse, et l'on pourroit même l'exploiter avantageusement.

Les anciens appeloient ce porphyre *ophyte* ou *serpentin*, à cause de la couleur de ses taches, qui ressemblent grossièrement à celles de de la peau de certains serpens; mais par la suite, à cause de cette dénomination, on l'a confondu avec les serpentines, qui n'ont cependant rien de commun avec lui.

L'ophyte est actuellement très-rare et très-recherché, on ne le trouve plus qu'aux environs de la petite ville d'Ostie en blocs épars, qui furent apportés par les Egyptiens, pour être employés à *Rome.*

On en voit un très-beau vase dans la galerie des Peintres anciens du Musée Napoléon.

Outre ce beau porphyre vert, les Romains en employoient une autre variété, dont la couleur n'est pas si intense, et dont les cristaux sont plus petits et moins nets; les carrières en sont également perdues. On en voit deux colonnes dans la salle des Romains du Musée Napoléon.

Porphyre vert du Piémont, suivant Ferber, pag. 468.

Ce porphyre ressemble beaucoup au précédent; il se trouve dans les hautes montagnes du Piémont.

Porphyre vert du mont Viso (Monvoisin, journal des Mines).

Il est d'un vert poireau, taché de blanc et de points rouges, qui sont dus à des grenats disséminés dans sa pâte. On le rencontre au mont Viso en Piémont.

Porphyre vert de Corse.

Sa base est d'un vert-bouteille très-foncé, et elle renferme de jolis cristaux de feld-spath blanc. Il se trouve dans le Nioto (Barral.) On trouve une autre variété, qui est également d'un vert foncé, avec des taches blanches ; mais il contient de plus quelques grenats d'un rouge sombre. Ce porphyre prend un très-beau poli. Il se trouve en Corse, département du Golo. (Rempasse.)

Porphyre vert des Vosges.

Sa pâte est d'un vert obscur, elle renferme une grande quantité de cristaux de feld-spath d'une moyenne grandeur, et d'un vert pâle. Il se trouve à la Chevetrey, sur les hauteurs de Fresle en Comté. On en voit un beau vase dans la collection minéralogique de la Monnoie.

MM. *Tomir* et *Dutherne* en font différens ouvrages d'ornement.

On trouve, au Renard de Fresle en Comté, et en remontant le ruisseau au pied du mont de Vanne, une autre variété de porphyre vert, dont les cristaux de feld-spath sont si pressés les uns à côté des autres, qu'ils sont mal formés, et cachent presque totalement la base qui les renferme. On l'exploite, et on le travaille à la manufacture de la Mouline, dont M. Champy est directeur, et où il porte le nom de *granit vert*. On en fait différens ouvrages, particulièrement des tables, des chambranles de cheminées, et de petites colonnes.

Porphyre vert des environs de Genève.
(Saussure, § 156.)

Ce porphyre est d'un vert clair un peu transparent, il renferme des cristaux de feld-spath d'une moyenne grandeur ., et des grains de quartz, entourés d'une matière ferrugineuse. Il prend un très-beau poli.

Porphyre vert des Pyrénées (Minéralogie
des Pyrénées.)

On trouve beaucoup de porphyres verts dans les Pyrénées ; ils portent le nom d'ophytes, comme tous les porphyres verts antiques.

Plusieurs d'entr'eux deviendroient plus durs, plus solides, et par conséquent plus propres à être travaillés, si on les exploitoit plus profondément qu'on ne l'a fait jusqu'ici. On en trouve une montagne entière à St.-Engrace, des masses considérables près du moulin d'*Atheray*, non loin de Licq, du pont d'Osse, bâti sur le Gave; en fin, au nord d'Atas, on en voit de belles masses, dont il seroit aisé de tirer de grandes pièces, etc.

III. PORPHYRES ROUGES, BRUNS ET VIOLETS.

Porphyre rouge antique, (ou Porphyre rouge d'Egypte.)

La base de ce porphyre est d'un rouge qui passe par degrés au brun rougeâtre; elle renferme une grande quantité de petits cristaux de feld-spath *blancs* ou *roses*, avec quelques points noirs, qui sont dus à une substance que l'on nomme amphibole ou hornblende.

Ce porphyre présente de place en place des taches anguleuses, presques blanches ou grisâtres, où les cristaux de feld-spath sont beaucoup plus nombreux que dans la pâte rouge. Ferber, Lettre 16e., prétend que ces taches sont des fragmens de porphyre gris, qui ont été empâtés dans le porphyre rouge à la manière des brèches. Mais il suffit d'examiner ces plaques grisâtres, pour s'apercevoir que ce ne sont que de simples taches, semblables à celles que l'on rencontre dans les autres roches.

Le beau porphyre rouge antique doit être d'un rouge bien prononcé, et les petites taches parfaitement blanches, et exemptes d'une certaine teinte rose, que l'on observe dans les

porphyres mal choisis ou d'une qualité inférieure. Il faut aussi, mais cela est difficile, éviter
les grandes taches grisâtres qui font un très-
mauvais effet.

Les carrières de ce beau porphyre existent
dans les déserts qui sont entre le Nil et la mer
Rouge. Il y en a aussi dans les déserts des environs du mont Sinaï. (Communiqué par M. Rosière, ingénieur des mines, et l'un des membres
de l'Institut d'Egypte.) Ce porphyre a été employé très-souvent par les Egyptiens; ils en
faisoient des colonnes, des statues, des obélisques, des cuves, etc. L'église de Saint-Marc,
à Venise, est ornée d'un grand nombre de
colonnes de cette belle matière. Mais la plus
grande pièce que l'on connoisse de cette roche
antique, est l'obélisque de Sixte-Quint à Rome.

On en voit aussi quatre colonnes d'une
moyenne grandeur dans la salle du Laocoon,
au musée Napoléon.

La Bibliothèque impériale de Paris renferme
une belle cuve oblongue, que je crois égyptienne, et qui est connue sous le nom de *cuve
de Dagobert*.

Enfin, on voit dans la cathédrale de Metz
une belle cuve antique de porphyre rouge, qui
sert actuellement de fonts baptismaux.

Indépendamment du porphyre rouge antique qui vient de nous occuper, on en connoît encore un autre qui se trouve en Egypte, dont la pâte est d'un rouge plus ou moins foncé, et qui contient, non-seulement des cristaux de feld-spath, mais un grand nombre de petits cristaux de quartz. On remarque aussi que la base de ce porphyre est moins fusible que celle du précédent. (Communiqué par M. Rosière.)

Porphyre rouge de Cordoue.

Ce porphyre est d'un rouge sombre; il contient quelques petits cristaux de feld-spath peu apparens. Cette variété offre des espèces de taches, dont la couleur est plus ou moins foncée que le reste de la roche.

Cette matière est peu agréable à la vue, mais on peut l'employer dans la construction des grands monumens.

Il se trouve dans les carrières de la Céréanias, de Cordoue.

Porphyre rouge de Corse.

La base du porphyre rouge de Corse est d'un rouge incarnat; elle contient des cristaux de feld-spath d'une moyenne grandeur, d'un blanc un peu rosé, avec quelques grains de quartz et d'amphibole.

Porphyre rougeâtre, des environs de Roanne, département de la Loire.

Sa base est d'un brun rougeâtre, et contient de grands cristaux de feld-spath blanc, dont le centre est grisâtre; elle renferme aussi quelques cristaux de quartz. Ce porphyre prend un très-beau poli; ses carrières sont situées à une lieue de Roanne, sur les bords de Loire.

Porphyre brun antique. (Porfido bruno des Italiens.)

Le fond de ce porphyre est d'un brun de foie foncé, sa surface est ornée de grandes taches de feld-spath verdâtre. Il fut employé anciennement à Rome. (Ferber, p. 339.)

Le même auteur en cite une autre variété, dont la couleur est plus foncée, et dont les taches sont moitié noires et moitié vertes.

Porphyre brun des Vosges.

La base de ce porphyre tire sur la couleur de chocolat; elle renferme des cristaux de feld-spath de différentes grandeurs, dont les bords sont d'un blanc mat, et le centre presque vitreux.

Il se trouve sur le mont des Evres, au levant du Balon, en allant d'Oberbruck à Mosse-veaux.

Porphyre violet des Vosges.

La pâte de cette variété est d'un violet très-foncé, tirant même sur le noirâtre. Elle renferme des cristaux de feld-spath vert, à-peu-près de la même grandeur que ceux du porphyre vert antique (ophyte). Cette belle variété de porphyre, qui est très-dure, très-compacte, et susceptible de recevoir un beau poli, se trouve sur le flanc de la montagne d'Ocelle, au midi entre Giromagny et Ocelle-bas.

. On en trouve une autre variété près de Plancher-les-Mines; elle ne diffère de la précédente que parce que ses cristaux sont beaucoup plus petits. Il en existe un semblable à Larmet, commune de Fresle en Comté, mais il renferme quelques globules de spath calcaire blanc.

Porphyre brun de Corse.

Sa pâte est d'un brun noirâtre; elle contient quelques cristaux de feld-spath, d'un rouge incarnat très-éclatant.

Ce porphyre est très-dur, et reçoit un beau poli; on pourroit le travailler avantageusement.

18

Porphyre violet de Suéde (1).

Le porphyre que l'on exploite aux environs de *Blyberg*, de *Ranaserne* et de *Klittberget*, en Suède, est d'un rouge foncé qui passe au violet; il contient de petits cristaux de feld-spath blanc, à-peu-près semblables à ceux du porphyre rouge antique, et il est plus dur que les autres porphyres. On voit, dans le cabinet de la Monnoie de Paris, une belle table qui paroît être de ce porphyre.

C'est de la carrière de Blyberg, qui est située à 3 lieues d'Elfredalen, qu'on retira les plus grands blocs, et entre autre celui dont on fit le piédestal de la statue pédestre de Gustave III; il a 12 pieds de haut.

On travaille cette *belle matière* à la manufacture d'Elfredalen, on la débite au moyen de scies hydrauliques, qui en scient jusqu'à 15 plaques à-la-fois. Suivant M. Neargaard, cette fabrique est très-étendue; il y a des ateliers pour le polissage des tables, d'autres pour les urnes, d'autres pour forer, pour polir les rondelles, et pour tailler à facettes, etc. Les machines de cette manufacture sont si bien

(1) Neargaard, Journal des Mines, avril 1807.

entendues, qu'avec treize ouvriers seulement on fabrique dans ce moment-ci, à Elfredalen, trente ou quarante ouvrages différens.

On se sert, pour le sciage, de sable grossier qui paroît être composé de détritus de porphyre. Quant au poli, il s'ébauche au moyen de l'émeri, et s'achève avec du rouge d'Angleterre.

Le dépôt général des ouvrages de cette fabrique est à Stockholm.

La manufacture d'Elfredalen est un véritable bienfait pour les malheureux habitans de ces tristes contrées, puisqu'elle fournit un moyen d'existence et une sorte de branche d'industrie à des hommes qui étoient réduits à se nourrir d'écorce de sapin (1). Voilà sans doute la plus douce récompense que M. Hagstrom, fondateur de cet établissement, pouvoit attendre de ses peines et de ses sollicitudes.

Porphyre violet de Corse. (Barral.)

La couleur de ce porphyre tire sur le lilas foncé, il est varié de taches rouges et brunes, et de quelques linéamens de stéatite verte.

---

(1) Neargaard, Journal des Mines.

IV. PORPHYRES GRIS.

Porphyre gris de Corse. (Barral, p. 51.)

Il est d'un gris foncé avec des cristaux de feld-spath blanc et de petits points noirs. On le trouve à *Bussaggio* en Corse, où il forme un filon assez considérable.

Porphyre gris foncé, de Calvi en Corse. (*Id.*)

Il est plus foncé que le précédent, plus riche en cristaux de feld-spath. On le trouve aux environs de Calvi en Corse.

Porphyre gris de Briançon. (Hautes-Alpes).

Sa pâte est d'un gris foncé un peu verdâtre, et ses taches sont d'un blanc qui tire légèrement sur le vert clair.

Il se trouve au col des *Serviers* de Briançon, dans le *Quéras.* (Communiqué par M. Héricart de Thury, ingénieur des mines à qui je dois beaucoup de notes sur les roches des Alpes Dauphinoises.)

Porphyre gris obscur des Vosges.

Ce porphyre est d'un gris de fer foncé, et contient un grand nombre de cristaux de feld-spath d'un jaune un peu rougeâtre, il se trouve sur le revers de la montagne de Léchelatton.

Porphyre noisette de Corse, (Barral.)

Sa pâte est d'un jaune qui approche de la couleur noisette : elle contient beaucoup de cristaux de feld-spath rouge. Il prend un beau poli, et peut être travaillé avec un certain avantage.

II. VARIOLITHES.

Les variolithes, comme les porphyres, ont une pâte distincte qui renferme, non pas des cristaux de feld-spath, mais des globules radiés de cette même substance.

Comme les taches de cette pierre rappellent grossièrement les boutons de la petite-vérole, on lui a donné le nom de *variolithe*, et en Italie on lui attribue la propriété de diminuer la malignité de cette maladie : aussi tient-elle sa place dans la boutique des apothicaires. (Ferber, p. 122.)

VARIÉTÉS.

I. VARIOLITHES VERTES.

Variolithe verte de la Durance.

La variolithe de la Durance, si connue dans le commerce, est d'un vert très-foncé, avec des taches nombreuses, grises, ou quelquefois violâtres au centre; leur étendue varie depuis celle d'un grain de millet, jusqu'à la largeur d'une grande lentille.

Cette variolithe se trouve en place au col des Serviers, et en cailloux roulés dans le lit de la Durance. On la travaille à Briançon, à Turin et à Grenoble. On en trouve une à-peu-près semblable aux environs de Turin; on en fait différens ouvrages d'ornement.

II. VARIOLITHES ROUGES.

Variolithe rouge de Corse.

Cette variolithe est d'un rouge de brique avec des taches de 5 à 6 lignes de diamètre, d'un rouge plus foncé, qui passe même au brun. Elle prend un fort beau poli. M. Rampasse, naturaliste, a rapporté plusieurs autres espèces de variolithes rouges du même pays.

III. VARIOLITHES BRUNES.

Variolithe brune de Corse.

Sa base est d'un brun foncé avec des taches rondes qui ont jusqu'à 4 lignes de diamètre, et d'un rouge pâle qui tranche agréablement sur la couleur sombre du fond. Ces taches sont distribuées çà et là sur toute la surface de cette pierre, qui fait partie de la collection des roches de Corse, que S. M. a données au Muséum d'histoire naturelle.

Il existe d'autres variolithes qui sont susceptibles d'être employées dans les arts. M. le docteur Monvoisin, dans un mémoire publié dans le Journal des Mines, en cite une variété qui se trouve en blocs dans la vallée de Suse en Piémont.

III. AMYGDALOIDES.

1. *Amygdaloïde du Drac*, (variolithe du Drac.)

Les *amygdaloïdes* diffèrent des *variolithes*, en ce qu'elles contiennent des globules calcaires qui paroissent moins adhérens à la pâte que ne le sont ceux des variolithes; d'ailleurs elles ne contiennent jamais de globules calcaires. L'amygdaloïde la plus connue est celle qui se trouve dans les montagnes de *Champesor*, de *Champoléon*, d'*Aspre*, et qu'on retrouve dans le lit du *Drac*, près Grenoble. La base de cette amygdaloïde est d'un brun foncé et elle contient un grand nombre de globules calcaires blancs.

Comme elle prend un beau poli, elle est susceptible d'être travaillée. On trouve la même roche dans le lit de l'Isère.

IV. GRANITS.

Les granits diffèrent des porphyres en ce qu'ils n'offrent que des rudimens agrégés les uns dans les autres, sans qu'ils aient aucune espèce de pâte qui les réunisse.

Ils sont composés ordinairement et en quantités variables :

1°. De quartz ordinairement blanc ou gris en grains irréguliers et vitreux.

2°. De feld-spath en lames parallélipipédiques légèrement nacrées de différentes grandeurs, blanches, grises, souvent roses.

3°. De mica en lamelles brillantes et d'un éclat métallique blanc, noir ou brun.

4°. D'amphibole en linéamens ou en grains d'un noir très-foncé.

Il s'y trouve encore différentes autres substances, mais elles n'y sont qu'accidentelles; tels sont les grenats, le stéatite, etc.

La substance dominante est celle qui détermine la couleur des granits : ainsi, par exemple, la couleur du granit d'Égypte est rouge par un excès de feld-spath incarnat; le granit noir antique tient cette couleur sombre d'une grande quantité d'amphibole, etc. Quand les granits contiennent trop de mica, ils s'exfolient à l'air et prennent un poli très-terne. Il faut donc, autant que possible, éviter cette mauvaise qualité.

V A R I É T É S.

I. G R A N I T S   N O I R S.

Granit noir antique. (Bazaltes orientalis niger cristallis minutis, des anciens.)

Ce granit est composé d'élémens si finement broyés, que lorsqu'il est en masses brutes, on ne peut les distinguer à l'œil nu. Il contient du mica, de l'amphibole, et de petits grains de feld-spath, qui ne sont visibles que lorsqu'il est poli, de sorte qu'au premier aspect il paroît d'un noir intense et d'une texture homogène.

Sa cassure est à grain fin et serré, à-peu-près comme celle d'un grès compacte.

Il se trouve dans les arides déserts d'Egypte; il porte dans le commerce le nom de *basalte oriental*, à cause de sa ressemblance avec le véritable *basalte*. Les Egyptiens en ont fait des statues, et l'on en voit plusieurs à Venise qui ont été apportées d'Athènes. La statue originale du Nil, qui fut placée dans le temple de la Paix à Rome, et dont on voit une copie dans le jardin des Tuileries, à Paris, est faite avec ce granit noir prétendu basalte.

On voit à la Bibliothéque impériale un autel et un torse d'homme de même roche.

Il y a certaines statues à Rome, qui sont faites avec le granit noir d'Egypte, et qui ont été restaurées avec du vrai basalte : tant ces deux pierres ont de ressemblance.

Lorsque le feld-spath de ce granit se traie et se réunit en globules ou en linéamens, il devient visible à l'œil nu et produit autant de variétés, qui portent à Rome autant de dénominations différentes.

Ainsi, par exemple, le granit noir qui présente des taches blanches s'appelle *basaltes orientalis niger cristallis majusculis albis.* L'Isis qui est dans le Capitole, est faite avec ce granit.

Celui qui renferme du granit rouge s'appelle *basaltes facie granitoli.*

Enfin quand ce granit n'est pas aussi dur qu'à l'ordinaire, les Italiens l'appellent *basalte occidental.*

II. GRANITS NOIRS ET BLANCS.

Granit noir et blanc d'Egypte.

Il est composé principalement de mica noir et d'hornblende, accompagné de petits cristaux de feld-spath blanc ou rose.

Lorsque le mica est trop abondant, il altère la dureté de ce granit, et lui donne une texture feuilletée.

On trouve différentes variétés de ce granit aux environs de Sienne, vers les cataractes du Nil et dans les déserts voisins.

Les anciens Egyptiens en ont fait des *statues*, des *sarcophages* et des *obélisques* (1). (Communiqué par M. Rosière.)

Granit noir et blanc d'Egypte.

Ce granit diffère du précédent par sa couleur, qui approche du blanc taché de noir, tandis que l'autre étoit noir taché de blanc.

Il est composé de feld-spath, de grains de mica, d'amphibole noir, et de quelques cristaux réguliers de feld-spath blanc, en sorte que c'est cette dernière substance qui domine dans ce beau granit, où il forme quelquefois des veines ou des bandes irrégulières. On avoit cru

______

(1) Ce sont des monumens particuliers à l'Egypte, qui ont la forme de pyramides effilées, très-minces à proportion de leur hauteur.

On croit que les anciens, en élevant ces monumens, avoient l'intention de représenter un *rayon solaire*. (Cambry, monumens celtiques, p. 158.)

Les obélisques qui ornent encore la ville de **Rome**, ont été apportés par les Egyptiens.

que toutes les parties noires étoient amphibo-
liques, mais on a reconnu après, qu'elles sont
dues à du mica, et que l'amphibole ne s'y rencontre qu'en petite quantité. Les Egyptiens ont
beaucoup employé ce granit, mais ce n'a jamais
été qu'en masses d'une moyenne grandeur.
(Communiqué par M. Rosière.)

Les deux socles, sur lesquels sont posés les
sphinx de granit rouge, qui décorent la niche
de l'Apollon du Belvédère, sont de ce granit.

Il a été employé très-souvent dans les monumens de Rome; il en existe une colonne dans
la salle des Muses du Musée Napoléon, et cette
variété est connue à Rome sous le nom de
granito a morviglione.

Granit noir et blanc antique, à gros grains.

Ce granit est composé de feld-spath, d'un
blanc un peu verdâtre en très-grandes lames,
de quelques grains de quartz, d'un blanc sale
et terne, avec des lames irrégulières d'amphibole d'un noir foncé, qui tranchent d'une manière fort agréable sur le fond blanc de cette
roche.

Ce granit est très-propre aux grands monumens; ses taches, largement dessinées, font un

bel effet quand elles sont développées sur la surface d'une colonne, d'un vase, etc.

On a perdu les carrières de ce magnifique
granit; on ne le trouve plus que dans les ruines
de l'ancienne *Rome* en fragmens isolés.

Granit noir et blanc antique.

Ce granit est composé de feld-spath blanc,
de quartz et d'amphibole d'un noir foncé un
peu verdâtre, en lames contournées de telle
manière qu'elles ressemblent, qu'on me passe
cette comparaison, à une multitude de petites
limaces noires.

Les carrières de ce granit sont perdues; on
le trouve, comme le précédent, dans les ruines
de l'ancienne *Rome.*

Granit noir et blanc de Finlande.

Ce granit est composé d'amphibole noir, de
mica d'un brun noirâtre, et de quartz blanc;
ces trois substances sont réduites en grains
très-fins, et forment un granit qui est susceptible d'être travaillé, mais dont le poli n'est pas
égal, parce que tous les grains de mica restent
ternes, tandis que les parties quartzeuses reçoivent un poli très-vif.

Il se trouve en Finlande.

Granit noir et blanc de Giromagny, dans les Vosges.

Il est composé de quartz blanc et d'amphibole noir, réduits en très-petits grains; ces deux substances sont à-peu-près dans la même proportion, de sorte que ce granit est d'un gris de fer foncé.

Il se trouve entre Mosseveaux et Giromagny, dans les Vosges; il est susceptible de recevoir un beau poli.

Granit noir et blanc de Saint-Maurice, dans les Vosges.

Ce granit diffère du précédent, en ce qu'il est composé, non-seulement de quartz et d'amphibole, mais encore de feld-spath blanc en cristaux moyens; ce qui fait que la teinte de cette roche est moins sombre que la précédente. Du reste, il est aussi dur et susceptible, comme lui, de prendre un beau poli.

On le trouve dans la colline de Prêle, au pied de la montagne de Lechelatton, près de Saint-Maurice.

Granit noir et blanc de Chaume, dans les Vosges.

Il est composé de feld-spath, d'un blanc légèrement rosé, de quartz gris et d'amphibole noir.

Le grain de ce granit est beaucoup plus gros que celui des deux précédens.

On le trouve sur le haut du Balon-Lorrain, près Chaume.

Ces trois granits des Vosges, et surtout le dernier, ressemblent beaucoup au granit noir antique. On en voit une table dans le cabinet de la monnoie de Paris.

Granit noir et blanc du mont Felsberg.

Il est absolument semblable à celui d'Egypte, et il existe dans une partie du Felsberg, dans le pays de Hesse, sous la forme de grands blocs ar-rondis, susceptibles d'être exploités avec beaucoup de succès : aussi les Romains en ont-ils retiré de très-belles colonnes, ainsi que le prouvent les restes d'exploitation encore très-reconnoissables.

Le canton de la montagne du Felsberg où existe cet amas de granits, porte, dans le pays, le nom de la Mer des Pierres. (Communiqué par M. Faujas.)

III. GRANITS GRIS.

Granit gris du Balon des Vosges.

Ce granit, qui est connu sous le nom de granit feuille - morte, est composé de feld-spath blanc, de feld - spath d'un gris un peu roussâtre en grandes lames, de quartz gris et d'amphibole noir.

Il prend un très - beau poli. On commence à l'employer dans les départemens, et même à Paris.

On en voit deux piédestaux dans la salle du Laocoon (Musée Napoléon). Le péristyle du Panthéon est pavé avec ce même granit, et l'on en fait différens ouvrages d'ornement, tels que *colonnes, vases, chambranles,* etc.

On le trouve dans presque toutes les montagnes des Vosges, et particulièrement à la base du Balon.

Granit gris de Chessi, département du Rhône.

Il est composé de quartz blanc et de mica noir en petits grains, avec de grands cristaux de feld-spath couleur de rose.

Les colonnes qui décorent l'église d'Enée à Lyon (ancien temple d'Auguste), sont faites avec ce granit; elle avoient 32 pieds de haut, mais depuis, elles ont été sciées par le milieu.

Ce granit a été travaillé par les Romains. On trouve à Chasse, aux environs de Vienne, département de l'Isère, un granit pareil à celui de Chessi. L'obélisque de Vienne, qui fut élevé par les Romains, est fait avec ce granit.

Granit gris de Thain, département de l'Isère.

Il est composé de quartz gris, de mica noir et de cristaux de feld-spath blanc, qui ont quelquefois jusqu'à 2 et 3 pouces de long.

Ce granit, dont les carrières sont au bord de la route de Lyon à Valence, sur la rive droite du Rhône, est susceptible d'être employé dans la construction des grands monumens. Il en existe de gros blocs parfaitement sains, et qui n'attendent, pour ainsi dire, que le moment favorable pour être mis en œuvre.

Le granit de St.-Peray, non loin de Thain, est presque semblable au précédent; seulement ses grands cristaux de feld-sapth sont rosés, au lieu d'être blancs.

Granit gris de Saône et Loire.

Il est composé de quartz d'un blanc verdâtre, d'amphibole noir en petits grains, et de très-grands cristaux de feld-spath, couleur de rose.

Ce granit est de la plus grande beauté : il est susceptible d'être employé non à la construction, mais à l'ornement de l'intérieur des monumens. Car, pour le dire en passant, il est plus important qu'on ne pourroit le croire d'assortir les roches avec les ouvrages qu'on se propose d'exécuter.

Je crois donc plus convenable de réserver, pour les vases, les socles, et, en général, pour tous les petits objets, les granits et les marbres dont le grain est fin, et dont les couleurs sont tendres, de même qu'il faut consacrer aux grands monumens, les roches dont les taches sont largement dessinées avec des couleurs bien tranchantes. Le granit que nous venons de décrire est dans la classe de ceux qui sont propres aux ouvrages délicats et d'un petit module, à cause de sa couleur tendre et de la finesse de son grain.

On trouve aussi dans les environs d'Autun un granit gris, qui ne diffère du précédent que par ses cristaux de feld-spath qui, au lieu d'être roses, sont tout-à-fait blancs.

En général, on peut dire que ce département est le plus riche en granit, et qu'il ne partage cette prééminence qu'avec celui des Vosges.

Granit gris du Finistère.

Ce granit est composé de quartz blanc et d'amphibole en petits fragmens, et qui renferme de grands cristaux de feld-spath, d'un gris un peu rosé.

Granit de St.-Roch, dans les Alpes.

Il est composé de mica noir et brillant, de quartz et de feld-spath blanc.

Comme ce granit contient beaucoup de mica, il est susceptible de se diviser en tables assez minces, pour que les paysans de St.-Roch puissent s'en servir pour couvrir leurs maisons. Mais lorsqu'il est plus solide et moins micacé, on peut en faire des colonnes et des revêtemens assez agréables. (Saussure, § 1759).

Granit gris de l'île de Lavezzi.

Ce granit est composé de petits cristaux de feld-spath grisâtre et confus, d'un peu de mica noir et d'autres cristaux de feld-spath d'un blanc laiteux.

On le trouve dans la petite île de Lavezzi, près de Bonifacio, au sud de la Corse, dans le détroit qui la sépare de la Sardaigne. On voit dans cette même île une grande colonne de ce granit, qui n'est qu'ébauchée, et que les Romains ont abandonnée. (Barral, pag. 71).

Granit gris de l'île d'Elbe.

Son grain est assez uniforme, sa couleur tire quelquefois sur le lilas clair ; on en voit dix colonnes dans les salles du Musée Napoléon ; elles ont été tirées de l'église qui renfermoit le tombeau de Charlemagne, à Aix-la-Chapelle.

Les granits gris sont les plus communs : il s'en trouve une infinité que nous avons passés sous silence, à cause de leur peu d'importance. Tels sont ceux des environs d'Alençon, département de l'Orne, ceux des environs de Genève, du Bas-Rhin, etc., etc.

IV. GRANITS VERTS.

Granit vert antique.

Le fond de ce granit est de quartz blanc, qui contient un peu de feld-spath d'un vert clair dans certains endroits.

Il y a une colonne de ce granit dans la villa Pamfili près de Rome.

Granit vert antique à grain fin, (Basalte vert oriental.)

Ce granit est compacte et semble homogène comme le granit noir antique que nous avons déjà décrit : sa couleur approche de l'olive foncé, son grain est si serré, et ses élémens sont si fins, qu'on ne peut point les distinguer à l'œil nu. Il est très-dur, et prend un beau poli.

Les Egyptiens l'ont beaucoup employé dans leurs monumens ; on en voit plusieurs statues dans le Capitole et à la villa Albani.

M. Dedrée possède un fragment de statue égyptienne de ce granit.

Il en existe une autre variété qui est pointillée de blanc, et qui porte à Rome le nom de basalte vert oriental *pouilleux*. Ce granit est très-rare. Il en existe seulement deux colonnes dans l'église de Ste.-Pudentiane à Rome.

Granit vert de Corse.

Il est composé de quartz vert, d'amphibole noirâtre, et de feld-spath d'un gris rosâtre ; il est très - beau et prend un poli vif. On le trouve en Corse.

Granit de St.-Christophe, en Oïsans, département de l'Isère.

Il est composé de quartz violet, de feld-spath blanc et de mica vert.

Ce granit est magnifique, il prend un beau poli.

(Communiqué par M. Héricart.)

Granit des Grandes-Rousses, en Oïsans.

Il est composé de feld-spath blanc, de quartz

violet, de mica jaune, et d'amphibole noir en aiguille.

Je l'ai vu beaucoup employé à Grenoble, soit en tables ou chambranles, etc. On le trouve aux Grandes-Rousses, en Oisans.

Granit de la montagne de la Chartreuse, en Oisans.

Ce granit est uniquement composé de feld-spath blanc et d'amphibole noir, disposé en grandes lames et en espèces de zones irrégulières.

On le trouve dans la montagne de la Chartreuse-des-Dames-de-Prémole, au-dessus de Vizille, à 2 lieues de Grenoble.

Granit orbiculaire de Corse.

Ce granit est composé de feld-spath blanc et d'amphibole d'un vert clair, qui passe au vert noirâtre. Ces deux substances forment un granit à grain fin, qui renferme des globules dont l'intérieur offre des zones blanches et noires alternatives, et dont le centre est occupé par un noyau de feld-spath blanc, ou de granit semblable à celui qui entoure ces espèces de noyaux. De sorte que lorsque ce granit est scié ou poli, il offre à sa surface des taches orbiculaires ou ovoïdes, composées de deux ou trois anneaux noirs, et de quatre à cinq anneaux blancs, dont l'épaisseur varie depuis celle d'un fil jusqu'à celle d'une ligne. Le centre de ces taches, qui ont deux, trois ou quatre pouces de diamètre, est occupé, comme je l'ai déjà dit, par du feld-spath blanc, ou par un noyau de granit verdâtre.

Cette même roche, dont il est difficile de donner une idée par une simple description, est figurée avec beaucoup de soin dans le 2ᵉ vol. des Essais de géologie de M. Faujas, pl. XX.

On ne trouva qu'une seule masse de ce magnifique granit sur la plage de Taravo, à une demi-lieue de la mer, dans le golfe de Valinco en Corse. Elle pouvoit peser, lorsqu'on la découvrit, environ 80 livres, mais elle fut bientôt mise en pièces et dispersée dans les principaux cabinets, de sorte qu'il n'en existe plus que de petites masses brutes ou travaillées.

On en voit un beau vase d'un pied 6 pouces de haut dans le cabinet de M. Dedrée, et S. M. l'Empereur et Roi en possède une tabatière.

La beauté de ce granit, la disposition singulière de ses couleurs, tout engageoit à faire des recherches pour découvrir la montagne d'où ce bloc pouvoit être sorti; mais jusqu'à pré-

sent elles ont été absolument infructueuses, de
sorte que les moindres plaques de ce granit
sont très-chères.

Granit bleu de Castille-Neuve.

Ce granit est d'un gris bleuâtre ; il a servi
à décorer une grande partie du palais de l'Escurial. Les carrières en sont peu éloignées.

V. GRANITS ROUGES.

Granit rouge d'Egypte. (Vulg. granit rouge
oriental ; granit de la colonne de Pompée,
ou pierre thébaïque).

Ce granit est composé de gros grains de feld-
spath rouge foncé, ou couleur de rose, de feld-
spath gris, de quartz transparent, de mica noir,
et quelquefois verdâtre ou d'un vert sombre.

On trouve ce granit dans la partie supérieure de l'Egypte, à Sienne, à Eléphantine,
et dans les environs de la première cataracte
du Nil. On y voit encore les carrières qui ont
fourni les principaux monumens d'une seule
pièce, que les Egyptiens ont élevés en Egypte
même, ou qu'ils ont transportés à Rome.

La colonne dite de Pompée est faite avec
ce granit ; elle a 88 pieds de haut et 9 de dia-

mètre vers le bas, c'est-à-dire, un peu plus de 28 pieds de circonférence dans la même partie; elle est de trois pièces : le fût a 74 pieds 2 lignes d'un seul jet, son chapiteau a 9 pieds, et forme un morceau séparé. Enfin la plinthe, le tore et les autres filets qui appartiennent à l'ordre corinthien, jusqu'au listel, ont 4 pieds 4 pouces 9 lignes $\frac{1}{5}$, ce qui donne à-peu-près la hauteur entière de la colonne; mais comme elle est posée sur un piédestal, qui a 10 pieds 6 pouces de haut, et qu'il repose lui-même sur un bloc d'albâtre, la hauteur totale de ce hardi monument est de 114 pieds.

Pockocke rapporte qu'il fit monter des matelots au haut de cette colonne, et que ces derniers assurent qu'ils y avoient trouvé un trou; et il en conclut avec raison que cette colonne étoit anciennement surmontée d'une statue colossale.

Lors de l'expédition d'Egypte, on fit planter l'étendard françois au haut de la colonne de Pompée, ce qui prouve qu'il y existe réellement un trou, comme l'a dit Pockocke dans son Voyage au Levant.

Ce monument n'est point le seul qui soit exécuté avec le granit rouge d'Egypte; les deux obélisques qui sont auprès d'Alexandrie (l'ancienne), et que l'on appelle les aiguilles de Cléopâtre, sont aussi de cette matiére. Celui qui est encore debout a, selon Pockocke, 63 pieds de haut.

Les Egyptiens aimoient tellement ce granit, qu'ils l'ont employé dans une infinité de monumens : ils en ont fait des statues colossales, des colonnes, et même des sanctuaires d'une seule pièce; ils transportoient ces énormes masses sur le Nil jusque dans la basse Egypte. (Communiqué par M. Rosière.)

La salle d'Apollon du Musée Napoléon est ornée de deux sphinx, et de quatre colonnes de ce granit.

Cette roche est quelquefois accompagnée de grandes taches de granit noir : on en a même tiré quelques blocs qui sont presqu'entièrement de cette couleur, à l'exception de quelques taches rouges qu'on y voit çà et là. Tels sont les deux sphinx qui décorent l'escalier du Capitole.

Granit rouge de l'Ingrie. (Vulg. granit du piédestal de l'empereur Pierre.)

Ce granit offre une singularité remarquable, dit M. Patrin, c'est que le feld-spath, au lieu d'y former des parallélipipèdes ou des grains irréguliers, comme dans la plupart des granits, s'y montre constamment sous la forme de globules ronds ou ovoïdes, de 6 lignes jusqu'à 2 pouces de diamètre.

Lorsque ce granit a reçu le beau poli qu'il est susceptible de prendre, le feld-spath s'y dessine sous la forme de plaques blanches, chatoyantes, rondes ou ovales, au milieu d'une pâte rougeâtre.

La pierre qui sert de piédestal à la statue de l'empereur, à Pétersbourg, est de ce granit; elle avoit dans le principe 32 pieds de long, 21 d'épaisseur et 17 de haut, on l'a beaucoup diminuée pour lui donner sa forme actuelle.

Ce bloc fut extrait d'un marais, à 40 verstes (ou 9 lieues) de Saint-Pétersbourg; il pesoit 2,400,000 livres (Cambry, Monumens celtiques, p. 89). Pendant ce long transport on fit agir les ressorts les plus puissans de la mécanique, on dit même que cette circonstance donna naissance à plusieurs chefs-d'œuvres en ce genre.

Il existe dans le jardin d'été de Pétersbourg une colonnade de ce même granit, composée de soixante colonnes d'ordre toscan, de vingt pieds de haut chacune.

L'île dite Kotlin-Ostrow, où est la forteresse

de Cronstadt, est couverte de blocs arrondis de ce granit, qui contient quelquefois du feld-spath opalin. (Pierre de Labrador.)

Granit rouge des Vosges.

Ce granit est composé de grandes lames de feld-spath roses, de grains de quartz gris, et de petites lamelles de mica noir. Il y a une si grande analogie entre ce granit et celui d'Egypte, qu'il seroit impossible de les distinguer s'ils étoient mêlés l'un avec l'autre. Il se trouve sur les hauteurs du Montaujeux, près de la montagne du Papeau, formant la crête qui sépare la commune de Fresle de celle de Planche-les-Mines dans les Vosges.

Granit rouge de la montagne de Tarare, près Lyon.

Il est composé de feld-spath rouge en lames irrégulières, d'amphibole noir, et de quelques parties d'une substance verdâtre peu abondante.

Ce granit est d'un beau ton de couleur; il est susceptible de recevoir un beau poli, et son gisement, sur le bord de la route de Lyon à Paris, le met à portée d'être exploité avec facilité. On en voit un beau vase dans le cabinet de la Monnoie de Paris.

Granit rouge d'Autun.

Le fond de ce granit est d'un rouge assez vif; il contient de grands cristaux de feld-spath également rouge, mais d'une nuance différente. Il prend un fort beau poli, et se trouve aux environs d'Autun, département de Saône et Loire.

Granit roux de Corse.

Ce granit est composé de feld-spath roux, de quartz blanc en petits grains et de quelques lamelles de mica noir. On le trouve près de Bonifacio, ainsi qu'à l'île d'Elbe et sur les côtes de Toscane.

On trouve aussi une variété de granit roux à Mérida en Espagne. (Bawles, traduct. de Flavigny, pag. 57.)

Granit violet de l'île d'Elbe. (Ferber 441.)

Le feld-spath qui domine dans ce granit, est en grands cristaux violets.

Le piédestal de la statue équestre de la place *della Santissima Annonziata* à Florence, est de ce granit, et les socles de la chapelle de Saint-Laurent en sont revêtus.

Granit rose de Baveno.

Ce beau granit est composé de feld-spath incarnat, de quartz blanc et de quelques grains de mica noir.

Il en existe de grandes carrières sur les bords du lac Majeur, et qui sont en pleine exploitation pour la consommation de Milan et de toute cette partie de l'Italie. Il est susceptible de recevoir un beau poli, et offre de temps à autres des espèces de rubans ou de zones grises qui sont composées des mêmes élémens que ceux qui forment le reste du granit, mais réduits en grains microscopiques.

Il est très-employé à Milan, où l'on en fait des colonnes, des portiques, etc.

Granit rose de l'Allefroide.

Il est composé de quartz blanc, de feld-spath lamelleux couleur de rose, et d'une matière d'un vert clair, qui n'est autre chose qu'une espèce de feld-spath compacte. Il contient aussi quelques points d'amphibole noir.

Ce granit est très-agréable à la vue ; ses couleurs sont douces et se marient bien ensemble ; mais à cause de leur délicatesse, il est du nombre de ceux qui sont plus propres à décorer

l'intérieur des monumens que l'extérieur. On
le trouve à la montagne d'*Allefroide*, au-dessus du clos Vallonix, département des Hautes-
Alpes.

Le granit de Villare-d'Arene, aux sources
de la Romanche, est à-peu-près semblable à
celui d'Allefroide, mais il est plus pâle.

(Communiqué par M. Héricart.)

Granit de Namiest en Moravie. (Patrin, tom. 1. pag. 106.)

Ce granit est blanc, rubanné de lignes rouges qui sont uniquement composées d'une infinité de petits grenats; il y en a aussi quelques-uns qui sont disséminés çà et là dans l'intérieur de la pâte. Il se trouve à Namiest en
Moravie; il prend un beau poli.

VI. GRANITS GRAPHIQUES.

(Pierres ou granits hébraïques.)

On appelle *graphique* une espèce particulière de granit qui est composé de feld-spath
en grandes lames lardées de cristaux de quartz
gris, qui offrent, lorsqu'ils sont coupés transversalement, des figures anguleuses dont la
plupart ont la forme d'un 7; les autres sont plus

ou moins régulières, et rappellent grossièrement l'écriture hébraïque.

Granit graphique rose d'Autun.

Ce granit est d'un rose pâle ; ses cristaux de quartz sont gris, petits et multipliés à l'infini : c'est, selon moi, le plus beau granit graphique connu.

Il se trouve aux environs d'Autun, département de Saône-et-Loire, et particulièrement à Marmagne. On trouve aussi, aux environs d'Autun, un granit graphique blanc, avec de petits cristaux de quartz gris. C'est à M. Champeaux, ingénieur des mines, que nous devons la découverte du granit hébraïque rose de Marmagne. On peut en faire de jolies plaques, et même des ouvrages plus étendus.

Granit graphique de Corse.

Cette variété est d'une couleur rose moins foncée que celui d'Autun ; il s'en distingue aussi en ce que ses cristaux de quartz sont plus gros et plus écartés les uns des autres. On trouve dans le granit graphique de Corse quelques lames de mica bronzé qui n'existent point dans celui de Marmagne ; mais du reste, il est susceptible de recevoir un aussi beau poli.

Granit graphique d'Ecosse.

Il est d'un rose assez vif; ses cristaux de quartz sont peu apparens.

Granit graphique de Sibérie.

On trouve dans les monts Ourals, au nord d'Ekaterinbourg, et dans la Daourie, près du fleuve Amour, un granit hébraïque, dont le feld-spath est d'un blanc jaunâtre ou rougeâtre, lamelleux et chatoyant. Ce feld-spath qui forme, comme dans toutes les variétés de cette espèce de granit, la base ou la partie dominante, est lardé de cristaux de quartz enfumé, presque noir, que l'on compare à des caractères runiques, et accompagné de quelques lamelles de mica et de grosses aiguilles de tourmaline noire.

L'Egypte, les Vosges et la Bourgogne fournissent aussi des granits graphiques; mais ils sont peu propres à être travaillés.

———

Tels sont les principaux granits qui sont susceptibles d'être mis en œuvre; il en existe encore une autre espèce, ce sont les *granits veinés de Saussure*; mais leur peu de solidité et la difficulté que l'on éprouve à les tailler et encore plus à les polir, sont les motifs qui m'ont déterminé à les passer sous silence.

V. POUDINGUES

V. GRANITIQUES ET PORPHYRITIQUES.

Poudingue granitique et porphyritique de la vallée de Qosseyr, dans la Haute-Egypte (1). (Breccia verde d'Egitto des Italiens, vulg. Brèche d'Egypte ou Brèche universelle.)

« Ce poudingue (2), dit M. Rosière, est
« formé de fragmens roulés et arrondis de
« roches primitives de toutes variétés, parmi
« lesquels abondent principalement les gra-
« nits, les porphyres, et une roche particu-
« lière de couleur verte, qui a beaucoup de
« rapports avec le pétrosilex (feld-spath com-
« pacte), dont elle diffère cependant à plu-
« sieurs égards. Ces fragmens, dont le volume
« varie beaucoup, sont liés entr'eux par une

____

(1) Extrait d'un Mémoire de M. Rosiere sur la vallée de Qosseyr, lu à l'institut d'Egypte, dans ses séan-
ces du 21 brumaire et 11 frimaire an 8.

(2) Comme la majorité des fragmens qui entrent
dans la composition de cette roche sont arrondis, il
est plus convenable de la ranger dans les poudingues
que dans les brèches.

« pâte, qui n'est elle-même qu'un poudingue
« à grain très-fin, et communément de même
« nature que la roche verte que nous venons
« d'indiquer. »

Parmi les différentes pierres qui entrent dans
la composition de ce poudingue, M. Rosière
a reconnu neuf ou dix variétés de granit, qui
forment des taches rondes de diverses grandeurs, communément grises, roses ou blanchâtres, et qui tranchent agréablement sur le
fond vert qui les réunit.

Quant aux roches porphyritiques observées
dans le même poudingue, elles sont au nombre
de cinq ou six variétés distinctes: leur base,
ordinairement grise ou violette, est d'un tissu
assez grossier. Elles sont plus ou moins abon-
dantes en cristaux de feld-spath, et plusieurs
d'entre elles renferment des grains de quartz
transparent. La variété des couleurs de cette
sorte de poudingue lui a fait donner par les
marbriers de Rome le nom de *brèche universelle*. Mais il existe plusieurs variétés de ce
poudingue, qui sont exemptes de noyaux de
granit et de noyaux de porphyre : alors il ne
reste plus que la substance verte, qui ne se
détache du fond que par sa teinte plus ou moins
foncée. C'est à cette espèce à qui l'on a donné

le nom de *breccia verde d'Egitto*, et c'est elle aussi que l'on avoit confondue avec le marbre vert antique, de sorte que l'on a avancé mal-à-propos qu'il se trouve du marbre vert antique dans la vallée de Qosseyr.

Les anciens Egyptiens ont connu et exploité les différentes variétés de ce poudingue; ils sont même parvenus à en construire des monumens d'une seule pièce; mais ils ont donné une préférence marquée à celui qui est dénué de fragmens de granit et de porphyre, à cause de la grande difficulté que l'on éprouve à tailler les autres, sans que ces mêmes fragmens globuleux ne se détachent de leur matrice. La plupart donc de ces monumens qui existent encore en Egypte, ou qui ont été apportés d'Egypte à Rome, où on les voit encore, sont faits avec la *breccia verde* des Italiens, et non pas avec le poudingue à noyaux de granit et de porphyre, (brèche universelle des marbriers.)

Ferber, en décrivant le poudingue vert d'Egypte (car on pourroit le nommer ainsi) sous le nom de *breccia verde d'Egitto*, en cite un vase dans le jardin de la villa Albani, et ajoute, qu'on en trouve des colonnes entières dans les ruines des anciennes maisons de plaisance (villa) des environs de Rome.

Quant aux monumens de cette matière qui existent encore en Egypte, il paroît qu'ils étoient consacrés à des usages religieux : mais les Turcs, sans s'inquiéter de leur destination première, les font servir à l'ornement des édifices de leur culte. Le principal et le mieux conservé est un grand sarcophage, trouvé à Alexandrie dans une mosquée ruinée ; il étoit destiné à être transporté en France ; mais les circonstances s'y sont opposées. On en voit une petite table dans le cabinet de M. Dedrée.

Poudingue granitique de Corse.

On trouve en Corse, entre Cortée et Venaco, un poudingue qui est composé de cailloux ovoïdes, de granit à grains fins bruns ou verdâtres, qui sont réunis par une pâte grise, composée elle-même de petits fragmens ronds de différens granits. Il prend un beau poli, et est susceptible d'être employé dans les arts. Lorsqu'il est bien choisi, il se rapproche même un peu du poudingue de Qosseyr en Egypte.

Poudingue quartzeux des déserts d'Afrique.

Puisque nous en sommes sur les poudingues, disons un mot d'une espèce particulière que l'on trouve dans les déserts qui entourent l'Egypte, quoiqu'elle ne soit point de l'espèce des poudingues granitiques, auprès desquels nous la placerons, mais que ce soit un simple poudingue siliceux, qui diffère de ceux que j'ai décrits à l'article des agathes, par le volume de ses noyaux qui, au lieu d'être de la grosseur d'une amande, atteignent quelquefois 4 et 5 pouces de dia-mètre.

Ces masses arrondies sont de la variété du jaspe, connue dans le commerce sous le nom de *caillou d'Egypte*, lequel a déjà été décrit page 142 ; elles sont engagées dans un grès à grain fin d'une grande dureté, ce qui forme un poudingue très-solide, et qui est très-propre à la construction des grands monumens : aussi les anciens Egyptiens l'ont-ils bien apprécié, car ils en ont fait plusieurs statues colossales, entre autre la fameuse statue de Memnon.

On en trouve une multitude de fragmens dans les ruines des anciennes villes.

On le trouve en couches épaisses dans l'intérieur de l'isthme de Suez, à la montagne Rouge, et dans la vallée de l'Egarnement qui conduit de l'ancienne Memphis à la mer Rouge.

M. Rosière, de qui je tiens ces détails, m'a autorisé à relever une erreur, qui s'est glissée dans la note de la page 333, tom. I du Traité

élémentaire de minéralogie de M. Brochant.
Premièrement le poudingue, et non la brèche
dont il s'agit, n'est point susceptible de s'altérer ni de perdre sa forte adhérence, et par-là
de laisser échapper les noyaux de jaspe qu'elle
renferme, puisque le ciment qui les assujétit
est d'un grès extrêmement dur, et de l'espèce
que l'on appelle grès lustré; par conséquent il
n'est point probable que les rognons de ce
même jaspe, qui se trouvent errants dans les
sables de l'Egypte, ayent été détachés de ce
poudingue. Secondement, le même poudingue
ne constitue point, comme cela est dit dans la
note, la plus grande partie du sol de l'Egypte,
puisqu'il ne s'y trouve même pas, mais seulement dans les déserts environnans. (Communiqué par M. Rosière.)

VI. BRÈCHES SILICEUSES.

Les brèches, comme les poudingues, sont
composées de fragmens réunis par une espèce de
ciment; mais ce qui distingue ces deux agré-
gats, c'est que les poudingues sont composés de
noyaux arrondis, tandis que les brèches sont
formées par la réunion de fragmens dont la
plupart sont plus ou moins anguleux; je dis

la plupart, car il est peu de brèches qui ne contiennent quelques fragmens arrondis.

VARIÉTÉS.

Brèche siliceuse du col de Servière.

Elle est formée de quartz blanc et rose, de feld-spath blanc, gris et rose; de jaspe rouge et brun, le tout est agglutiné par un ciment de quartz stéatiteux vert; cette roche et coupée par des veines ou filets assez larges de quartz blanc.

Cette belle brèche est susceptible de prendre un beau poli.

Elle se trouve au col de Servière en descendant à la Durance, situation avantageuse pour l'exploitation qui deviendroit sans doute très-active, si l'on établissoit une scie à eau au bord de la Durance.

(Communiqué par M. Héricart.)

Brèche siliceuse du col Isoard.

Cette brèche est composée d'un ciment quartzeux qui agglutine des fragmens de quartz blanc, rose et vert, et quelques-uns de feld-spath.

Elle est compacte et se trouve en grandes

masses susceptibles de recevoir un beau poli au col Isoard, entre le Queyras et le Briançonnois. Son exploitation est assez facile.

(Communiqué par M. Héricart.)

Brèche siliceuse du col de Mal-Entra.

Cette brèche est composée de fragmens quartzeux et de fragmens feld - spathiques : elle est très-dure et susceptible de recevoir un poli vif. Ses couleurs sont le rouge, le brun et le vert.

Elle se trouve au col de Mal-Entra, entre le *val Bonnet* et le *vallon Dessalet*, au-dessus de la *vallée du Drac*; malheureusement son exploitation n'est pas fort aisée.

(Communiqué par M. Héricart.)

Brèche siliceuse du Haut-Rhin.

La pâte siliceuse de cette brèche renferme des fragmens d'agathe, de jaspe et de trapp noir : elle est susceptible de recevoir un beau poli.

Elle se trove au Schlüsselstein, près de Ribeauvillé, dans la ci-devant Alsace, département du Haut-Rhin. (Graffenauer, p. 285.)

Brèche siliceuse polie, (vulgairement rocher poli.)

Il y a deux variétés de cette singulière brèche : l'une est d'un brun noirâtre, avec de grandes taches blanches; l'autre est d'un blanc presqu'uni; l'une et l'autre sont très-dures et donnent beaucoup d'étincelles par le choc du briquet; mais ce qu'il y a de plus singulier, c'est que cette brèche est polie naturellement.

Elle forme à elle seule un rocher aux environs du grand St.-Bernard; et Saussure rapporte qu'il y a des endroits dans ce rocher qui sont à découvert, et dont on pourroit tirer des tables très-unies de 10 pieds de long, sur une largeur proportionnée. (Saussure, § 996.)

VII. ROCHES A BASE DE QUARTZ.

Roche quarzeuse onix des Chalanches.

Cette roche est composée de quartz gris et d'amphibole noir; ces deux substances forment des zones ou des bandes parallèles et droites, d'une largeur à-peu-près égale; mais quelquefois ces deux pierres se confondent ensemble, ou se présentent sous la forme de zig-zags. Cette roche est très-agréable, lorsqu'elle est polie; elle se trouve aux Chalanches, entre les hameaux de la *Traverse* et de *Báton*, et à *Allemond*, département de l'Isère.

Roche quartzeuse avec épidote (1).

On trouve aux environs du lac de Genève une roche à base de quartz blanc, qui renferme une multitude de lames d'épidote d'un vert d'herbe.

J'ai vu une belle plaque de cette roche qui avoit reçu un très-beau poli, et je ne doute point qu'on ne puisse l'employer très-avantageusement.

Roche quartzeuse avec épidote violet.

On trouve, dans la vallée d'Aost en Piémont, une roche, composée de quartz blanc et d'épidote d'un violet foncé, qui forme, dans l'intérieur du quartz blanc, des espèces d'aigrettes, formées de longues aiguilles de cette substance.

---

(1) L'épidote est une pierre qui se présente ordinairement sous la forme d'aiguilles verdâtres; il s'en trouve aussi de violettes. C'est le schorl vert des anciens minéralogistes. Voy. plus haut p. 156.

Ce quartz, mélangé d'épidote, est susceptible de recevoir un beau poli.

Roche feld-spathique de la Far.

La substance dominante, dans cette roche, est une espèce de feld-spath gris compacte, qui est accompagné de quartz blanc, en taches irrégulières, de très-petites parcelles de mica gris, de petits points pyriteux d'un jaune vif, et enfin de grandes lames d'amphibole d'un vert très-foncé et comme satinées : elles ont environ une ligne de large, et jusqu'à six de long, tandis que d'autres ont à peine l'épaisseur d'une aiguille.

Elle se trouve à la Far, près d'Allemond. (Communiqué par M. Héricart.)

Roche à base de jade, ou de feld-spath compacte.

Cette roche est composée de jade, d'amphibole lamelleux et de grenats en masses irrégulières. Sa surface est tachée de vert et de jaune.

Elle est d'une dureté et d'une densité considérable, aussi reçoit-elle un très-beau poli.

On la trouve aux environs de Genève, département du Léman. (Saussure, § 145.)

On trouve différentes roches, dont la base est de jade et qui contiennent diverses substances minérales, et entr'autres des lames d'amphibole ou des linéamens de stéatite verdâtre.

VIII. ROCHES A BASE DE FELD-SPATH

AVEC DIALLAGE (1).

Roche à base de feld-spath.

Elle est d'un gris bleuâtre, avec de la diallage en grandes lames vertes satinées, qui tranchent sur le fond d'une manière très-agréable : on la trouve en masses détachées qui encombrent le lit du ruisseau du village de Stazzona, lesquelles proviennent de la montagne de Santo-Pietro-di-Rostino, non loin d'Orezza en Corse.

(Communiqué par M. Rempasse.)

Cette roche est connue dans le commerce sous le nom de *Verde di Corsica*, — ou de *Verde antico di Orezza.*

Cette roche est très-estimée dans le commerce, où on la rencontre rarement en grandes pièces; on l'emploie beaucoup en Italie. Ferber

---

(1) La diallage est une pierre lamelleuse d'un vert satiné qui passe au gris blanchâtre et au gris métallique.

en cite de belles plaques dans la Chapelle de St. Laurent. M. Dedrée en a une fort belle table.

On en trouve de grandes masses détachées à Voltri près de Gênes.

Il existe à Estendorf, dans le Pachergebirg en Styrie, une roche très-voisine de celle de Corse; car elle est également marquée de belles taches vertes, qui sont dues à de la diallage d'un vert satiné, et sa base est la même.

Roche feld-spathique avec diallage, du col de Servière.

On trouve au col de Servière, au-dessus de Briançon, une roche feld-spathique qui renferme des lames de diallage métalloïde noire, jaune, bronzée, grise, ou d'un gris argenté.

Roche feld-spathique avec diallage métalloïde. (Schillernde Hornblende des Allemands.)

Cette roche, comme les précédentes, offre une base de feld-spath compacte, qui ressemble au jade de Saussure, et elle varie entre le blanc grisâtre et le blanc verdâtre; mais elle renferme une multitude de lames de diallage d'un gris presque noir, ou d'un gris jaunâtre, relevé par un très-beau brillant métallique qui approche du blanc argentin. Elle se trouve à la montagne de Mussinet près Turin, et l'on en trouve deux autres variétés, l'une en Corse, l'autre sur les bords du lac de Genêve.

IX. TRAPPS.

Les trapps ne sont autre chose que des feld-spaths surchargés de fer; ils sont le plus souvent d'un noir assez foncé, et néanmoins ils fondent au chalumeau en un bel émail blanc. Le trapp se laisse rayer assez difficilement par une pointe de fer, et donne une poussière grise, ce qui le distingue du basalte avec lequel les marbriers le confondent presque toujours. En général les trapps reçoivent un beau poli, et ils ne font jamais effervescence dans l'acide nitrique; ce qui les distingue bien nettement d'avec les marbres noirs, qui font tous une vive effervescence dans le même acide.

Le trapp, comme je l'ai déjà dit à l'article des porphyres, forme la base de cette roche; elle n'en diffère que par l'absence des cristaux de feld–spath, qui n'existent point dans le trapp, ou du moins qui ne sont pas visibles à l'œil nu. Car, lorsque l'on examine attentivement certaines variétés de trapp verdâtre, ils se présentent alors sous les figures de porphyres microscopiques, si l'on peut s'exprimer ainsi. Trapp est un mot suédois, qui veut dire escalier, et on l'a donné à cette pierre parce qu'elle se délite et forme dans les montagnes des espèces de marches.

VARIÉTÉS.

Trapp noir uni. (Vulg. Pierre de touche, Roche de corne, Basalte ou faux Basalte des marbriers.)

Le trapp noir est d'une couleur plus ou moins intense; sa cassure est à larges évasures, et présente dans son intérieur de petits points ou de petites écailles brillantes. Sa dureté est inférieure à celle du vrai basalte, et supérieure à celle des marbres noirs.

Le plus beau trapp noir vient de Norberg en Suède, car ceux des environs de Kirn, sur les bords de la Nahe, département de la Sarre, et celui des environs du lac Majeur, en Italie, sont d'un noir qui paroît roux, quand on le compare aux différens marbres noirs, et sur-tout au noir antique. Il n'y a guère que celui de Suède qui puisse soutenir la comparaison. Néanmoins dans les contrées où l'on trouve le trapp, on peut en tirer un grand parti, soit pour les inscriptions, soit pour les tables, les vases, etc., et cela avec d'autant plus de facilité qu'il s'y trouve toujours en grandes masses.

J'ai vu un grand vase de trapp dans les magasins de MM. Thomir et Duterme.

Comme cette pierre sert très-souvent à essayer les bijoux et les monnoies d'or, elle est très-connue chez les marbriers sous le nom de *pierre de touche.*

Trapp noir veiné de blanc.

On trouve à la montagne de la *Drouwer,* un trapp en petites masses arrondies, qui ont 5 à 6 pouces de diamètre, d'un noir très-foncé, et qui sont variées par des linéamens très-fins de quartz blanc, qui partent de deux directions différentes, et se croisent à angle droit, de sorte qu'il en résulte une espèce de réseau, qui coupe par sa blancheur éclatante sur le fond noir du trapp et produit un très-joli effet. Comme ces filets quartzeux pénètrent dans toute l'épaisseur de la pierre, on peut en tirer des coupes assez précieuses. (Communiqué par M. Héricart.)

Trapp noir, avec diallage métalloïde.

Ce trapp contient dans sa pâte une multitude de lames de diallage jaune bronzée, qui donnent à cette roche un aspect très-agréable; aussi l'emploie-t-on beaucoup à Briançon, à Grenoble, à Turin, etc. On le trouve dans la chaîne de montagnes qui sépare la vallée du Bourget, du Queyras, au-dessus de Briançon. (Communiqué par M. Héricart.)

DEUXIÈME DIVISION.

ROCHES TENDRES.

Les marbres, les albâtres et les serpentines forment cette deuxième division, dont le caractère général est de se laisser entamer aisément par une pointe de fer.

I. DES MARBRES.

Dans le langage familier, l'on appelle *marbres* toutes les pierres qui s'emploient journellement dans la décoration des monumens et des édifices publics ou dans l'ameublement des maisons particulières ; mais parmi ces différentes matières, il faut distinguer les vrais marbres, et pour les reconnoître, il est important de bien retenir les caractères précis que nous allons leur assigner. Nous dirons donc :

1º. Que tous les marbres, sans exception, font effervescence avec l'eau forte, c'est-à-dire, que si l'on prend à l'extrémité d'une plume une goutte d'eau forte (acide nitrique) et qu'on la pose sur un vrai marbre, il y aura aussitôt un bouillonnement vif qui durera quelques instans. Ce seul caractère suffit donc pour distinguer les vrais marbres d'avec les granits, les porphyres, etc.; mais il n'est point suffisant pour les différencier d'avec les albâtres calcaires qui font aussi effervescence dans l'acide nitrique, et pour cela nous ajouterons :

2°. Que les marbres les plus purs, ceux de Paros et de Carrare, par exemple, ont besoin d'être réduits en lames très-minces, pour acquérir un léger degré de translucidité, tandis que les albâtres se laissent traverser par la lumière, même lorsqu'ils sont en masses de plusieurs pieds d'épaisseur.

3°. Que les marbres ne peuvent entamer les albâtres, tandis que les albâtres les raient fortement et que, par conséquent, les albâtres sont plus durs que les marbres.

4°. Enfin que lorsque les albâtres sont colorés, ils présentent des veines festonnées et onduleuses, que l'on ne remarque jamais dans les marbres avec cette même régularité.

Voilà donc les marbres bien distingués, d'une part d'avec les roches dures et qui ne font point effervescence; de l'autre avec les albâtres parmi lesquels il seroit possible de les confondre, lorsqu'on n'a point l'œil exercé dans la connoissance de ces sortes de pierres.

Comme les anciens confondoient avec le

marbre (marmor) les granits et les porphyres ,
ils lui attribuoient une dureté beaucoup plus
considérable que celle dont il jouit réellement,
et de là est venu cette espèce d'adage : *dur
comme du marbre*, qui depuis a passé dans
le langage poétique, et qui sert si souvent de
terme de comparaison.

La température du marbre n'est point plus
basse que celle des autres corps inanimés qui
nous entourent; mais ce qui nous le fait paroître
ainsi, c'est que celui que nous sommes à même
de toucher journellement, est toujours poli, et
que lorsque nous y posons la main, il la touche
dans un grand nombre de points et lui fait
éprouver par là, d'une manière brusque, la
sensation du froid, effet qui persiste jusqu'à ce
que le marbre se soit mis en équilibre de chaleur
avec notre main, et qui est d'autant plus durable qu'il y a de différence entre la températu-
ture de la main et celle du marbre. Cet effet
tient si bien à la cause que nous venons
d'indiquer, que les marbres non polis ne sont
point plus froids que les autres pierres. C'est
donc une espèce d'illusion du toucher, presque
analogue aux illusions d'optique.

Il nous reste maintenant à dire un mot de la
méthode que nous avons suivie dans la distri-

bution des marbres et des noms que nous avons adoptés pour désigner leurs différentes espèces.

La plupart des minéralogistes divisent les marbres en deux grandes sections : les marbres primitifs qui ont la cassure brillante, et les marbres secondaires qui ont la cassure terne.

Les minéralogistes les appellent ainsi, parce qu'ils prétendent que ceux qui ont la cassure brillante, ont été créés plus anciennement que ceux dont la cassure est terne et comme argileuse ; mais sans vouloir entrer ici dans aucune discussion géologique, nous remarquerons cependant que cette distinction de *primitifs* et de *secondaires* est vicieuse dans plusieurs cas, puisqu'il existe des marbres qui ont la cassure, l'aspect et tout ce qui constitue les marbres dits primitifs, et qui, bien loin d'être d'ancienne formation, prennent naissance journellement et sous nos yeux, dans des espèces d'enclos faits de main d'homme, où une eau chargée de molécules calcaires s'arrête et dépose un véritable marbre statuaire blanc et salin, où il est impossible de distinguer la moindre trace des straifications dont il est néanmoins formé ; de sorte qu'il a tous les caractères des marbres dits primitifs, et qu'on ne pourroit point l'en

distinguer, si on ne le détachoit du lieu même
où il prend naissance. Tels sont les dépôts des
eaux de Saint-Philippe en Toscane, et de différens autres lieux. Mais à part cette anoma-
lie qui est assez grave, nous n'avons point cru
que cette méthode pût convenir à un ouvrage
de la nature de celui-ci.

Quant à la méthode de Daubenton, qui étoit
fondée, comme on le sait, sur les couleurs des
marbres combinés deux à deux, trois à trois,
quatre à quatre, etc., on s'est bientôt aperçu
qu'elle étoit impraticable, et l'on fut forcé de
l'abandonner presque aussitôt qu'elle fût créée;
car, d'après cet arrangement, il est tel marbre
qui se trouveroit rangé dans trois ou quatre
classes différentes, parce qu'une partie n'auroit
que deux couleurs, tandis qu'une autre en auroit trois, une autre quatre, etc.

Nous avons donc tâché de parer aux inconvéniens qui résultent de l'emploi d'une méthode trop savante dans un ouvrage purement
d'art, en même temps que nous nous sommes
efforcé de mettre notre travail au niveau des
connoissances actuelles, sans néanmoins nous
trop écarter des notions déjà reçues parmi les
marbriers. Or, pour atteindre ce double but,
nous avons premièrement partagé les marbres

par localités, c'est-à-dire que nous avons fait des paragraphes particuliers pour les marbres de France, d'Espagne, d'Italie, d'Allemagne, etc. Mais outre cette première division, qui ne peut être considérée que comme un simple arrangement, nous avons établi huit espèces distinctes de marbres, auxquelles se rapportent toutes les variétés qui existent dans la nature.

A. LES MARBRES UNIS.

Ils comprennent seulement les marbres blancs et les marbres noirs.

B. LES MARBRES BARIOLÉS.

Ce sont tous les marbres dont les taches et les veines sont irrégulières.

C. LES MARBRES MADRÉPORIQUES.

Cette nouvelle division a été établie par M. Faujas : elle renferme tous les marbres qui contiennent des restes de madrépores ou d'animaux de la même famille, qui se présentent ordinairement sous la forme de taches blanches ou grises, au milieu desquelles on remarque des points et des étoiles régulièrement disposés.

Cela se voit très-distinctement dans les marbres de *Sainte-Beaume*, de *Sainte-Anne*, etc.

D. LES MARBRES COQUILLÉS.

Nous avons établi cette division pour placer les marbres qui ne renferment que quelques coquilles et qui ne sont point , comme les *lumachelles*, totalement formés de coquilles entières ou mutilées.

E. LES MARBRES LUMACHELLES.

Ils renferment ceux qui sont entièrement composés de coquilles : tels sont les lumachelles de *Bourgogne* et d'*Astracan*.

F. LES MARBRES CIPOLINS.

On nomme cipolins tous les marbres qui contiennent des veines de talc verdâtre.

G. LES MARBRES BRÈCHES.

On appelle *brèches* les marbres qui sont formés par une multitude de fragmens anguleux de différens marbres réunis par un ciment d'une couleur quelconque. Nous avons sous divisé cette espèce en *petites brèches,* quand les taches ont en général moins d'un pouce de diamètre environ (telle est la brèche-vierge), et en *grandes brèches ,* quand la majorité des taches sont au-dessus de cette dimension (telles sont la brèche violette antique et la brèche africaine.)

H. LES MARBRES POUDDINGUES.

On appelle marbres pouddingue ceux qui sont, comme les brèches, formés de fragmens réunis par un ciment, mais qui, au lieu d'être anguleux, sont arrondis dans toute leur circonférence.

§ I.

MARBRES ANTIQUES (1).

1. *Marbre blanc de Paros* (Lychnites des anciens).

Ce marbre est d'un blanc jaunâtre, sa cassure est composée de petites fentes salines, brillantes et posées dans toutes sortes de sens.

Dipœnus, *Scyllis*, *Malas* et *Micciades*, les quatre premiers sculpteurs Grecs, qui vivoient vers la quarantième Olympiade, se servirent du marbre de Paros, et furent imités par leurs successeurs ; aussi nous reste-t-il encore beaucoup de *statues* faites avec ce marbre ; mais à cause de sa couleur jaunâtre et du peu de finesse de son grain, il fut aban-

---

(1) On appelle *marbres antiques*, ceux qui ont été employés par les anciens, et ceux dont les carrières sont épuisées ou perdues pour nous.

donné et remplacé de suite par le marbre de *Luni.*

Les anciens appeloient le marbre de Paros lychinites, comme qui diroit marbre de lampe, parce qu'on l'exploitoit à la lueur des lampes.

Les principales statues en marbres de Paros que l'on peut voir au Musée Napoléon sont : — La Vénus de Médicis ; — la Diane chasseresse ; — la Vénus sortant du bain ; — la Minerve colossale, (dite la Pallas de Vellétri) ; — Ariane (dite Cléopâtre) — Junon, (dite du Capitole), etc.

C'est aussi sur du marbre de Paros que sont gravées les soixantes-quinze époques majeures de la Grèce, commençant à la fondation d'Athènes, par *Cécrops,* et finissant 355 ans avant l'ère vulgaire, ce qui forme une des chronologies des Grecs.

Ces tables ont été trouvées à Paros , et elles sont connues sous le nom des marbres d'Arundel ou d'Oxford ; elles remontent à 5388 ans.

2. *Marbre blanc du mont Pentèles* , (dit marbre Pentélique.)

Ce marbre ressemble beaucoup au précédent, mais son grain est plus fin et plus serré : il présente quelquefois des espèces de zones verdâtres qui sont dues à du talc vert, ce qui lui a fait donner, à Rome, le nom de *Cipolin statuaire*.

Il se tiroit du mont Pentèles, près d'Athènes, et les principaux monumens de cette ancienne cité en sont presque tous bâtis : de ce nombre sont le Parthénon, les Propylées et l'hippodrome ; de plus, il nous en reste aussi beaucoup de statues, et parmi celles qui sont au Musée Napoléon, nous citerons, le Torse du Belvedère ; — un Bacchus en repos ; — Jason, (dit Cincinnatus) ; — un Pâris ; — le Discobole en repos, — le bas-relief, connu sous le nom du Sacrifice, — le trône de Saturne ; — le trépied d'Apollon ; — et les deux belles inscriptions athéniennes, connues sous la dénomination de *marbre de Nointel*, parce que ce fut M. de Nointel qui les fit transporter d'Athènes à Paris, en 1672.

3. *Marbre blanc grec*, (Grechetto des Italiens.)

Le marbre blanc que les marbriers de Rome nomment *marbre grec*, est d'un blanc de neige très-éclatant, d'un grain fin et serré et d'une dureté un peu plus considérable que celle des autres marbres blancs. Il reçoit un poli très-vif, et c'est à l'une de ses variétés que

les anciens donnoient le nom de *marbre co-
ralitique* ou *coralique*, parce qu'il avoit une
certaine ressemblance avec l'ivoire. Pline rapporte qu'on le trouvoit en Asie sous la forme
de petites masses qui n'excédoient point une
coudée (1); et Dargenville assure qu'on en
trouve de semblable au mont Caputo, près
de Palerme en Sicile.

On tiroit le marbre grec de différentes îles
de l'Archipel, telles que de Scio, Samos, etc.;
il s'en trouvoit aussi à l'île de Lesbos, ou de
Metelin; mais celui - ci est sujet à présenter
des taches à sa surface.

Il nous reste encore beaucoup de statues en
marbre grec, et parmi celles du Musée Napoléon, on remarque particulièrement un Ado-
nis, — un Bacchus, — le Philosophe Zénon,
ainsi que le buste connu sous le nom de *Faune
à la tache;* mais ce dernier paroît être le vrai
marbre coralique des anciens. Quant à la tache
que l'on remarque au col de la figure, c'est
un simple accident étranger au marbre et causé
par le voisinage de quelques morceaux de
cuivre.

Il y a des personnes qui prétendent que

______

(1) Pline, Hist. nat. Liv. **XXXVII.**

l'Apollon du Belvédère est fait avec le marbre grec ; mais nous pensons , avec plusieurs minéralogistes , qu'il appartient plutôt au marbre de Luni , dont nous parlerons plus bas.

4. *Marbre blanc translucide* (1), (Marmoro statuario des Italiens.)

Ce marbre antique ressemble beaucoup à celui de Paros ; mais il en diffère par sa translucidité qui est si bien prononcée , que la lumière d'une bougie perce à travers des masses même assez épaisses.

On voit à Venise et dans plusieurs autres villes de la Lombardie, des colonnes et des autels de ce singulier marbre ; mais les carrières en sont absolument perdues pour nous.

5. *Marbre blanc flexible.*

Il est d'un très-beau blanc ; son grain est fin et peu adhérent , de sorte que lorsqu'il est coupé en plaques minces , il devient susceptible d'une élasticité bien sensible. Voyez les observations générales sur les marbres où nous avons expliqué l'élasticité naturelle et factice des marbres.

____

(1) Ferber, lettres sur l'Italie.

On voit plusieurs plaques de ce marbre dans le palais de Borghèse à Rome : elles ont quatre ampans de haut, ce qui équivaut à vingt-huit pouces environ, et sept pouces de large; elles sont toutes posées à plat sur des tables, à l'exception d'une qui reste libre, et à la disposition des curieux qui peuvent l'examiner à loisir.

Lorsqu'on prend cette plaque par l'extrémité et qu'on lui imprime un mouvement oscillatoire, on voit sa surface se courber, et l'on entend un petit craquement, qui est causé par le jeu qui existe entre ses molécules (1), ce qui leur permet de glisser l'une sur l'autre, et de produire la flexibilité de ce marbre.

Nous ignorons d'où les anciens tiroient ce singulier marbre, et nous ne le trouvons qu'en morceaux épars et travaillés ; c'est pourquoi nous le rangeons parmi les marbres antiques.

6. *Marbre blanc de Luni, sur les côtes de Toscane.*

Ce marbre est d'une fort belle qualité : sa blancheur est très-éclatante, et son grain est fin et serré ; il reçoit un fort beau poli, et il est susceptible de se prêter aux travaux les

---

(1) Ferber, Lettres sur l'Italie, p 130.

plus délicats ; aussi fut-il souvent préféré, par les sculpteurs grecs, à celui de Paros et de Pentèles, et je crois même qu'il est plus fin que celui de Carrare ; il est d'ailleurs exempt des veines grises qui se trouvent si fréquemment dans la pâte du marbre de Carrare, ce qui est un grand avantage qu'il a sur lui. La plupart des minéralogistes s'accordent à regarder l'Apollon du Belvedère comme sculpté avec le marbre de Luni ; mais les marbriers de Rome le rapportent au marbre grec ; la question n'est point encore décidée. Comme le marbre de Luni a été très-employé par les sculpteurs Grecs, il nous en reste beaucoup de statues, et dans la belle suite qui est déposée au Musée Napoléon, on remarque principalement : l'Antinoüs du Capitole, — la Minerve au géant Pallas, — l'Antinoüs bas-relief, — le bas-relief, représentant la cérémonie de la conclamation (1).

7. *Marbre blanc de Carrare entre Specia et Lucques.*

Le marbre de Carrare est d'un assez beau blanc ; mais il est sujet à être veiné de gris,

______

(1) On nommoit ainsi chez les Romains une cérémonie funèbre qui consistoit à appeler trois fois les

de sorte qu'il est assez difficile de s'en procurer des blocs d'une moyenne grandeur, d'un blanc bien uniforme; sa cassure est grenue et brillante, et son grain est assez fin pour se prêter aisément aux travaux du sculpteur; il ne jaunit pas autant que celui de Paros.

Ce marbre qui est celui dont les sculpteurs modernes se servent presqu'exclusivement, fut aussi exploité et travaillé par les anciens, ainsi que le prouve la grande quantité de statues antiques faites avec ce marbre. On assure que les carrières en étoient ouvertes du temps de Jules César : dans ce moment-ci, les deux principales sont celles del Pianello et del Polvazzo. Toutes les statues qui décorent les jardins des Tuileries et du Luxembourg, sont faites avec ce marbre. La Psyché de M. Delaître, et la Galathée de M. Julien, deux charmantes productions qui ornent les galeries du palais du sénat, sont faites avec du très-beau marbre de Carrare.

On trouve quelquefois dans le centre des blocs de ce marbre des cristaux de roche d'une limpidité parfaite, ce qui avoit fait dire qu'on

morts par leur nom, à haute voix, et au bruit de certains instrumens, pour s'assurer s'ils l'étoient réellement.

y trouvoit des diamans. Il renferme aussi quelquefois, comme le marbre Pentélique, des veines de talc verdâtre, et dans ce cas, il porte en Italie le nom *Cipolinacci di Carrara,* cipolin de Carrare. Le prix moyen du marbre blanc de Carrare, est de 72 liv. le pied cube.

8. *Marbre blanc du mont Hymette en Grèce.*

Ce marbre n'est point d'un blanc bien pur, il tire un peu sur le grisâtre, et ce fut le premier marbre étranger qu'on introduisit à Rome. Pline rapporte que ce luxe étoit si extraordinaire pour les Romains, que *Lucius Crassus,* l'orateur, s'exposa aux sarcasmes de *Marcus Brutus,* pour avoir orné sa maison de six colonnes hautes de douze pieds chacune, de marbre du mont *Hymette* (1).

Nous avons quelques statues en marbre du mont *Hymette* : telle est celle de Méléagre, qui est déposée au Musée Napoléon.

Telles sont à-peu-près les variétés de marbres blancs dont les anciens se sont servis dans la construction de leurs édifices ou dans l'exécution de leurs statues. On cite cependant en-

______

(1) Pline Hist. nat. Liv. XXXVI, chap. 3.

core comme marbres blancs antiques, le marbre thasien et le marbre arabique, mais nous n'en connoissons aucun monument.

On parle aussi d'un marbre blanc antique, nommé par les Italiens *Palombino*, dont le grain est d'une telle finesse, qu'il semble tout-à-fait compacte, ainsi que celui de Proconèse, dans la mer de Marmara.

9. *Marbre noir antique.* (Nero antico des Italiens.)

Le noir antique diffère des marbres noirs modernes, par sa couleur, qui est d'une telle intensité, que quand on le met à côté des marbres de Dinan et de Namur, il les fait paroître absolument gris.

L'auteur de l'article *marbrier* de l'Encyclopédie méthodique, dit que les anciens le tiroient de Grèce; mais une chose plus positive, c'est que M. Faujas a retrouvé des carrières de véritable noir antique, qui ont été exploitées par les anciens, et dont les restes existent encore à deux lieues de distance de Spa, du côté de Franchimont, non loin d'Aix-la-Chapelle.

Ce marbre est extrêmement rare; on ne le trouve plus dans le commerce qu'en morceaux travaillés.

J'en ai vu de grandes tables dans les magasins de MM. Thomir et Duterme.

Ferber cite plusieurs piédestaux et quelques bustes de ce marbre au Capitole et à la villa Albani. On assure que Marcus Scaurus en fit faire des colonnes de 38 pieds de haut, dont il orna son palais.

Le paragone dont parle Ferber, et qu'il met au nombre des marbres noirs, paroît être un trapp ou un basalte; car il dit qu'il est d'une dureté considérable et qu'il peut servir de pierre de touche: or, il est bien évident qu'un marbre noir ne peut point servir à cet usage, puisque l'eau forte attaque le marbre lui-même; il faut en dire autant du marbre noir alambique.

10. *Marbre rouge antique* (Rosso antico des Italiens. — Ægyptum des anciens.)

Ce beau marbre est d'un rouge de sang foncé, parsemé çà et là de veines noires et blanches qui y sont distribuées par places, et quand on l'examine de près, on remarque qu'il est parsemé d'une multitude de petits points blancs, de sorte que son fond semble comme sablé. Tel est l'Antinoüs égyptien qui orne la salle de l'Apollon du musée Napoléon. Mais la première qualité de rouge antique est celui dont la couleur est bien foncée et qui est exempt de veines : tel est celui des deux sièges antiques qui sont dans la même salle, sous le n°. 159; et encore mieux le buste d'un Bacchus indien qui est dans la salle des Saisons du même musée.

Les points blancs qui sont constamment sur le fond du rouge antique le distinguent des autres marbres rouges, tels que la griotte, etc., qui en sont dépourvus et qui, sans cet indice, pourroient, quand ils sont en petites pièces, se confondre avec lui.

Nous ignorons encore de quelle contrée les anciens tiroient le marbre rouge antique ; mais néanmoins l'on présume que ce pouvoit être d'Egypte ou des déserts voisins. On voit à Venise, au palais Grimani, une statue colossale de Marcus Agrippa, en rouge antique : elle existoit autrefois à Rome dans le Panthéon.

11. *Marbre vert antique.* (Verde antico des Italiens.)

Le vert antique doit être considéré comme une espèce de brèche dont la pâte est un mélange de talc et de calcaire, et dont les fragmens, d'un noir verdâtre, sont dus à la serpentine plus ou moins pure. Ce marbre est donc

un agrégat de marbre blanc et de serpentine
verte réduite en éclats anguleux ou fondus dans
sa pâte, et lui communiquant une couleur verte
plus ou moins foncée.

Le marbre vert antique de la plus belle qualité est celui dont la pâte est d'un vert pré et
dont les taches noires sont d'une serpentine de
l'espèce qu'on appelle serpentine noble. Il faut
aussi qu'il soit parsemé de quelques taches blanches; ce qui le rend plus gai que lorsqu'il en
est dépourvu.

Ce marbre est très-estimé dans le commerce;
mais il est rare d'en voir de grandes pièces
d'une belle qualité. Cependant il y en a quatre
colonnes assez belles dans la salle du Laocoon,
musée Napoléon; mais il en existe de beaucoup
plus belles à Parme. (Communiqué par M.
Faujas.)

Il étoit connu des anciens sous le nom de
Spartum ou *Lacedæmonium*, et l'on assure
qu'ils le tiroient des environs de Thessalonique
en Macédoine, qui fait aujourd'hui partie de la
Turquie d'Europe.

Il ne faut pas confondre le marbre vert antique proprement dit, avec les marbres connus
sous les noms de *vert de mer* ou *vert d'E-
gypte*. Le vrai vert antique est une brèche et

n'est jamais mêlé de taches rouges, tandis que ceux que nous venons de citer, sont des marbres veinés, mêlés d'une substance d'un rouge sombre qui leur donne un ton rembruni, peu agréable ; du reste il est du nombre des marbres qui se décomposent à l'air.

12. *Marbre vert antique sanguin.*

Le fond de ce marbre est d'un vert extrêmement sombre, mais il est varié de place en place par de petites taches rouges et noires ; et de plus il renferme des fragmens d'entroques, qui sont changés en marbre blanc, ce qui le fait rentrer dans la classe des *marbres madréporiques* de M. Faujas.

Ce marbre, quoiqu'un peu sévère, est néanmoins fort estimé ; mais les carrières en sont perdues, et l'on n'en trouve plus que des morceaux détachés, dont on fait de petites plaques, de petits vases, etc.

13. *Marbre poireau.*

Ce marbre est encore un mélange d'une substance talqueuse, analogue à la serpentine, qui est d'un vert clair, nuancé de vert noirâtre, et de la matière même du marbre.

Sa texture est filamenteuse ; il se casse en

espèces d'éclats, de sorte qu'il a un certain fil
analogue à celui du bois. De même aussi quand
il est poli, il présente de grandes veines vertes
qui occupent toute la longueur des pièces qui
sont faites avec ce singulier marbre.

Sa couleur et sa disposition, je dirois presque ligneuse, le font rechercher plutôt comme
objet de curiosité que comme objet d'art. Les
marbriers lui ont donné le nom de marbre
poireau; nous le lui conserverons, quoiqu'il soit
mauvais, parce qu'il est reçu dans le commerce depuis très-long-temps.

Les carrières en sont perdues, et, comme
tous les marbres talqueux, il n'est point propre
à être employé au-dehors, parce que l'air finit
par déliter la matière talqueuse, ce qui entraîne bientôt sa ruine totale. On en voit une
table dans le cabinet de la Monnoie à Paris.

14. *Marbre verde Pagliocco*, des Italiens.

Ce marbre antique est d'un jaune verdâtre,
et ne se trouve plus que dans les ruines de
l'ancienne Rome; mais on n'en cite aucuns
monumens.

15. *Marbre petit antique.*

Ce marbre, nommé petit antique par les

marbriers, est veiné de blanc et de gris, et ces deux couleurs sont disposées en filets non interrompus, de sorte que les tables de ce marbre sont rubannées dans toute leur longueur d'une manière fort agréable.

Ce marbre est très-estimé dans le commerce; de sorte qu'on ne l'emploie que pour orner de beaux meubles. Il est inutile de dire qu'il doit, comme tous les marbres veinés, être taillé dans le sens longitudinal de ses veines, sans quoi ses couleurs ne feroient aucun effet; et dans ce cas, il est en des marbres comme des bois propres à l'ébénisterie. Les carrières de ce joli marbre sont perdues, ce qui contribue beaucoup à en relever le prix.

16. *Marbre bleu antique.*

Ce marbre est du nombre des marbres bariolés, il est d'un blanc rosé, avec des taches d'un bleu ardoisé, qui se dessinent en festons. Il est très-rare dans le commerce, et l'on n'en trouve même que de très-petites plaques. Les carrières en sont totalement perdues.

17. *Marbre cervelas.*

Ce marbre est d'un rouge foncé, avec des veines grises et blanches très-nombreuses; ses

couleurs et leurs dispositions lui ont fait donner cette singulière dénomination. Il est très-
estimé dans le commerce.

On nous a assuré qu'il se trouve en Afrique,
mais nous n'en sommes pas certains.

18. *Marbre jaune antique.* (Giallo antico des Italiens.)

C'est à cette espèce que nous devons rapporter le jaune doré antique, le jaune annulaire, et le jaune de paille des Italiens. Le premier est d'une couleur tirant sur celle du jaune
d'œuf, et il est à-peu-près d'une teinte uniforme ; tandis que le second présente des anneaux noirs ou d'un jaune foncé, ce qui lui
a fait donner le nom d'annulaire. Quant au
troisième, ce n'est qu'une variété du premier
dont la couleur est plus pâle.

Ces différens marbres, que nous remplaçons
facilement avec celui de Sienne, ne se trouvent plus qu'en petites pièces détachées, ou
simplement employées dans les tableaux de
rapport. C'est ainsi que les deux tables de
lazulite, qui sont dans la galerie d'Apollon,
sont entourées d'une grecque en jaune doré antique. On assure qu'ils se tiroient des carrières
de Macédoine.

19. *Marbres rouges et blancs antiques.*

Ces marbres, auxquels on a donné des noms particuliers, sont si voisins les uns des autres, qu'ils ne diffèrent réellement entr'eux que par des nuances si peu tranchées, et par des accidens si peu frappans, que nous n'avons point jugé à-propos d'en faire des articles à part. Nous nous bornerons donc à en faire une simple énumération, d'après ce qu'en dit Ferber dans ses Lettres sur l'Italie.

Marbre rouge et blanc, dit *marbre porta santa Fiorita.*

Il se nomme ainsi, parce qu'il a servi à la décoration de la porte de Saint-Pierre à Rome.

Marbre di seme santo, ou *Arlechino.*

Ses taches ressemblent à des semences. Il est employé dans plusieurs édifices saints.

Marbre Pavonazzo.

Il est blanc, avec des taches rouges qui ressemblent à des rubans.

Marbre occhio di pavone (œil de paon).

Il est rouge, blanc et un peu jaunâtre.

Ferber cite encore une multitude de marbres rouges et blancs antiques, tels que le Serpentelo, le Rosso annullato, le Purichiello, le Vendurino, le Fiorito, le Cotonello, etc. Tous ces marbres sont antiques, puisqu'on ne les trouve plus que dans les ruines des anciens monumens romains. Nous pouvons remplacer avantageusement ces marbres par celui de Sainte Baume, dont nous parlerons à l'article des marbres de France.

20. *Marbre grand antique.*

Ce marbre, que l'on doit considérer comme une brèche, est composé de grands fragmens de marbre noir, qui contiennent quelques coquilles, et qui sont réunis par des veines ou des linéamens d'une blancheur éclatante. Rien de plus beau que ce marbre, rien de plus propre à décorer d'une manière large l'intérieur des édifices publics; mais malheureusement les carrières en sont perdues, et on ne le trouve plus qu'en morceaux détachés et travaillés. L'on en voit quatre petites colonnes dans la galerie d'Apollon, et une grande table dans le cabinet de la Monnoie à Paris.

La belle qualité du *grand antique* tient à la couleur noire et intense de ses fragmens anguleux, et à la blancheur du ciment qui les réunit. Lorsqu'il est ainsi d'une parfaite qualité, il est très-estimé dans le commerce, mais on doit éviter celui dont les taches sont grises.

21. *Marbre cipolin antique.*

On nomme cipolins tous les marbres blancs qui sont veinés de zones verdâtres, lesquelles sont dues à du talc vert.

La cassure de ces marbres est brillante et grenue, et laisse voir de place en place des lamelles brillantes de talc; enfin l'on ne trouve jamais de corps marins dans cette sorte de marbre.

Les anciens ont beaucoup employé le cipolin, mais nous en trouvons d'aussi beau que celui dont ils firent usage. Le cipolin reçoit un beau poli, mais ses taches rubannées restent toujours ternes, et ce sont aussi ces mêmes parties qui se détruisent les premières, lorsqu'on l'expose à l'air, et qui par suite entraînent la ruine totale du marbre.

22. *Marbre brèche violette antique.* (Brèche d'Alep, ou d'alet des marbriers.)

Il ne faut pas confondre la brèche violette avec la brèche africaine; ce sont deux marbres tout-à-fait différens, que l'on a souvent confondus ensemble, et qu'il est pourtant nécessaire de distinguer. Il n'est peut-être point de marbres dont la couleur et les taches soient

si variables que celle de la brèche violette, en
sorte qu'il est impossible de donner une description exacte qui convienne à toutes ses variétés. Nous avons donc pris le parti de décrire
séparément ses principaux accidens qui, lorsqu'on n'est point versé dans la connoissance
des marbres, semblent être autant de marbres
particuliers.

La première variété et la plus commune,
c'est-à-dire, celle qui a donné le nom de brèche
violette à cette espèce de marbre, présente un
fond brun violâtre qui renferme de grands
fragmens anguleux de marbre couleur lilas, et
d'autres de marbre blanc : ces derniers tranchent sur le reste de la brèche et font un très-
bel effet; mais cette première variété ne peut
être employée qu'à des ouvrages d'une grande
étendue, à cause de la largeur de ses taches
qui ont quelquefois jusqu'à un pied de diamètre.

On en voit une table magnifique de quatre
pouces d'épaisseur, dans la galerie d'Apollon
du musée Napoléon.

La seconde variété est, pour ainsi dire, la
miniature de la première : elle présente les
mêmes taches, mais dans un espace beaucoup
plus resserré, de sorte qu'elle est susceptible

de servir à des ouvrages moins gigantesques que ceux où l'on est forcé d'employer la première.

La troisième est connue dans le commerce, sous le nom de marbre rose : c'est encore un accident de la brèche violette ; mais ses taches, au lieu d'être blanches et couleur de lilas, ont toutes une teinte rosacée très-agréable. Elle est rare et je ne l'ai jamais vue en grandes pièces.

La quatrième est la plus belle et la plus riche à mon avis ; mais ce n'est qu'à force de comparer et de suivre les passages, qu'on a pu s'assurer qu'elle n'est encore qu'une simple variété de la brèche violette, car, au premier coup-d'œil, elle semble n'avoir aucun rapport avec elle.

Sa pâte est d'un vert jaunâtre et ses taches sont de différentes grandeurs ; on en remarque de blanches, de vertes, de violettes, de couleurs lie de vin et de jaune panaché de rouges : ces diverses taches sont traversées par des veines droites et d'un blanc sale.

Cette variété de la brèche violette est extrêmement rare ; je n'en connois que deux tables à Paris : l'une chez M. Faujas, l'autre chez M. Dedrée. D'après la dénomination de brèche d'Alep, que l'on donne communément à ce marbre, nous avons lieu de présumer qu'il se

tire des environs de la ville d'Alep en Syrie ;
mais ce qui n'est point douteux, c'est que la
brèche violette est un des marbres les plus
estimés dans le commerce et qu'on ne l'emploie
que pour enrichir des meubles d'un grand prix.

23. *Marbre brèche africain*, (dit brèche
africaine antique.)

Cette brèche antique est noire et variée par de
grandes taches d'un gris blanchâtre, d'un rouge
foncé ou d'un violet vineux ; mais ces dernières
sont constamment plus petites que les précédentes. Ce marbre, l'un des plus beaux qui
existent, fait un effet superbe, lorsqu'il est allié
à des ornemens dorés ; et quoiqu'il soit un peu
plus sombre que la brèche violette que nous
venons de décrire, il est pourtant plus beau,
parce qu'il a quelque chose de sévère qui plaît
beaucoup à l'œil, et qui ajoute à la beauté des
ouvrages que l'on en peut faire.

Nous ignorons de quelle contrée les anciens
le tiroient ; mais si nous en jugeons par sa dénomination, il paroît que c'étoit d'Afrique ; cependant nous n'osons pas l'assurer, car ces in-
dices sont souvent trompeurs.

Il existe à Paris plusieurs ouvrages en brèche
africaine, mais ils y sont rares ; et parmi ceux

que l'on peut y voir journellement, nous citerons le piédestal de la Vénus sortant du bain,
dite Vénus du Capitole, et une grande colonne
qui lui fait face, dans la salle des Muses au
Musée Napoléon.

24. *Marbre brèche rose antique.*

Le fond de cette petite brèche est d'un rouge
clair, et il est enrichi de petites taches roses
et d'autres encore plus petites d'un noir foncé;
quelques-autres, d'une grandeur moyenne, sont
d'un très-beau blanc, ce qui produit un mélange très-agréable; mais ce marbre est extrêmement rare, et l'on n'en trouve dans le commerce que des plaques peu étendues : les carrières en sont tout-à-fait perdues.

25. *Marbre brèche jaune antique.*

Nous réunissons sous ce paragraphe deux
variétés de brèche jaune antique : l'une que
les Italiens connoissent sous le nom de *Giallo
brecciato,* qui est d'un jaune clair orné de
taches beaucoup plus foncées, et qui se trouve
dans les ruines des environs de Rome.

L'autre, qu'ils appellent *breccia dorata,*
qui présente des taches jaunes, séparées entre
elles par des intervalles rouges qui renferment

quelques petites parties blanches, elle ne se trouve également qu'en blocs épars au milieu des ruines de l'ancienne enceinte de cette ville à jamais célèbre.

26. *Marbre brèche arlequine*, (brecciato traccagnina des Italiens.)

Cette brèche antique, qui se rapproche beaucoup d'un poudingue par ses taches arrondies, a le fond d'un jaune fauve, et contient une multitude de petits fragmens de marbre d'une infinité de couleurs; ce qui lui a fait donner le nom d'arlequine, parce qu'elle ressemble de loin à l'habit de ce burlesque personnage.

On en voit deux belles colonnes qui sont en dedans de chaque côté de la principale porte d'entrée du musée Napoléon. On vend quelquefois dans le commerce, sous le nom de brèche arlequine, de la simple brèche d'Aix; mais il est facile de la reconnoître, car celle d'Aix est bien moins brillante en couleur que la première, dont les carrières sont absolument perdues.

27. *Marbre brèche rouge et blanc*, (Breccia pavonazza des Italiens.)

Cette brèche à fragmens rouges et à fond

blanc, a servi à décorer l'intérieur du musée Clementino (Ferber); les carrières en sont perdues.

28. *Marbre brèche de Porte-Sainte*, (breccia di Porta Santa des Italiens.)

Ce marbre brèche antique est mêlé de taches inégales, blanches, bleues, rouges et grises, et il doit son épithète à l'emploi que l'on en a fait dans la décoration de la porte de Saint-Pierre à Rome.

29. *Marbre brèche vierge antique.*

Cette petite brèche antique, d'un brun de chocolat, est tachée d'une multiude de petits fragmens anguleux de marbre blanc qui atteignent à peine trois lignes de diamètre, et elle contient aussi quelques petites taches rouges.

Ce marbre est tellement rare, qu'on n'en connoît qu'un tombeau à Rome, et que la moindre plaque se vend extrêmement cher à Paris. Les carrières en sont totalement perdues.

3o. *Marbre fleur de pécher*, (Fior di persica des Italiens.)

Ce marbre antique doit être placé parmi les brèches, parce qu'il en a tous les caractères : il

présente de grandes taches violettes, **ou cou-**
leur de lie de vin, qui rappellent grossièrement
la teinte de la fleur de pêcher, lesquelles **sont**
réunies par un ciment blanchâtre. Tel est le
vrai marbre fleur de pêcher, tel est celui dont
on voit une colonne au musée Napoléon ; car
on confond sous cette dénomination plusieurs
marbres qui n'ont aucun rapport à celui-ci,
qui est extrêmement rare et très-recherché.

J'avoue que je suis tenté de croire que ce
marbre antique n'est encore qu'une **modifica-**
tion de la brèche violette. Voy. p. 341.

31. *Marbre lumachelle jaune*, (dite Lumachelle de Castracani.)

Le fond de cette lumachelle est d'un brun
très-foncé, et il renferme une multitude de
coquilles , qui forment des espèces de petits
cercles d'un jaune orange très–vif, qui tranchent nettement sur la pâte rembrunie de cette
lumachelle antique.

Ce joli marbre est extrêmement rare, aussi
ne le trouve-t-on qu'en petites plaques , et encore se vendent-elles un prix très-élevé.

On assure qu'elle vient du Japon , et qu'elle
est connue dans le pays sous le nom de *Cas-*
tracani; d'autres, et Dargenville est de ce nom-

bre, rapportent qu'on en déterre par hasard quelques petites pièces dans les ruines de l'ancienne Rome. On ne sait donc pas au juste de quel endroit elle provient.

32. *Marbre lumachelle noir et blanc antique,*
(dit le drap mortuaire.)

Cette lumachelle est d'un noir très-foncé, semé de coquilles blanches, en forme de limaçon, d'un pouce ou dix-huit lignes de longueur, distribuées d'une manière non confuse sur toute sa surface.

Ce marbre coquilier, dont la localité nous est inconnue, est un des plus beaux que l'on puisse voir, tant par la beauté de sa couleur et la netteté de ses taches, que par le brillant de son poli. Il est très-estimé dans le commerce, où il se trouve rarement. Il ne faut pas confondre avec lui un marbre lumachelle d'un noir grisâtre, qui se trouve aux environs de *Lucilebois* en Bourgogne, et qui est taché en blanc par des coquilles bivalves qui, au lieu de former de jolies taches coniques et blanches, ne présentent que de simples traits blancs et peu agréables.

Quelques marbres antiques pourroient encore augmenter la série de ceux que nous venons de décrire ; mais leur peu d'importance dans les arts, des renseignemens trop vagues, ou la crainte de répéter les mêmes, sous des noms différens, nous ont déterminé à les passer sous silence, jusqu'à ce que des notes plus positives nous soient parvenues et que nous puissions les décrire d'une manière plus satisfaisante que nous n'aurions pu le faire dans ce moment-ci.

Nous allons maintenant nous occuper des marbres que l'on exploite journellement, et qui n'ont point été connues des anciens : nous les nommerons *marbres modernes*, par opposition aux *marbres antiques* que nous venons de faire connoître.

MARBRES MODERNES.

§ II.

MARBRES DE FRANCE.

Comme les marbres de France sont très-nombreux, nous avons cru devoir, pour en faciliter la recherche, les ranger par département, ce qui, d'ailleurs, mettra à même de juger, d'un coup-d'œil, de leur plus ou moins grande richesse en ce genre de production.

DÉPARTEMENE DE L'ALLIER.

1. *Marbre bariolé rouge, jaune et bleu*,
(vulgairement marbre de Bourbon.)

Il se tire des environs de Moulins, dans le
ci-devant Bourbonnois, et l'on en apporte jusqu'à Paris, où il est quelquefois employé.

2. *Marbre brèche à fragmens gris et à ciment
rougeâtre.*

On l'exploite dans plusieurs cantons du Bourbonnois; mais il est peu estimé.

On trouve encore d'autres marbres dans différentes communes de ce département, tels qu'à
Chatelperon, à *Joligny*, etc.

Il existe aussi un autre marbre aux environs de Moulins : il est d'un gris bleuâtre,
veiné de brun, de jaune doré, et renferme
une multitude de corps organisés. Il est connu
dans le commerce, sous le nom de *Brocatelle
de Moulins*.

Mais en général tous les marbres de l'Allier que l'on exploite actuellement sont sujets
à être altérés par des veines ferrugineuses qui
s'y rencontrent souvent, et qui, par leur grande
dureté, résistent aux outils du marbrier; cepen-

dant, il seroit peut-être possible qu'en en con—
tinuant l'exploitation, on découvrît des masses
plus pures et plus propres à la sculpture.

DÉPARTEMENT DES HAUTES-ALPES.

1. *Marbre noir* de St.-Firmin, dans le
Valgodmar,

Ce marbre est d'un noir très-foncé et d'une
texture extrêmement compacte.

Il a été employé dans plusieurs monumens,
et particulièrement au corps du beau mausolée
du connétable de *Lesdiguières*, qui existe
encore dans la cathédrale de Gap.

(Communiqué par M. Héricart.)

2. *Marbre noir*, entre St.-Firmin et Aspre
l'Ecor.

Il est d'un noir grisâtre, il contient des
débris de coquilles; il est dur, et prend un
beau poli.

3. *Marbre d'un rouge vineux*, de Briançon,
sur la rive droite de la Durance.

4. *Marbre rouge , blanc , gris et jaune ,*
en veines et en taches irrégulières des Eygliers
du Roi dans les Hautes-Alpes.

Les remparts et presque toute la ville de
Montdauphin sont construits avec ce marbre que les Romains ont connu et travaillé ,
comme le prouvent les piédestaux , les autels ,
les urnes , les bassins antiques qui sont faits
avec ce marbre, et qui se voient encore à Embrun et dans les villes voisines.
(Communiqué par M. Héricart.)

5. *Marbre blanc, rose et vert ,* mélangé de
grenat , d'aiguille d'épidote et de lames de
fer très-brillantes.

Ce beau marbre , dont la cassure est bril-
lante et dont le grain est salin , se trouve à
St.-Maurice , dans le Valgodmar.
(Communiqué par le même.)

6. *Marbre Cipolin.*

Ce marbre, comme tous les cipolins, est composé, d'une part, de la matière propre du marbre brillant et grenu ; et de l'autre de talc
verdâtre , qui se dessine en larges zones ondoyantes.

La manière de le couper change totalement son aspect.

On le trouve dans la vallée de St.-Maurice. (Communiqué par M. Héricart.)

7. *Marbre en Poudingue* des Eygliers du Roi, au-dessus de Montdauphin, rive droite du Guil.

Ce marbre poudingue est composé de galets de divers marbres blancs, gris, jaunes et agglutinés par un ciment rougeâtre, et susceptibles de recevoir un fort beau poli.

On l'emploie avec avantage, et l'on en voit de très-belles tables à Grenoble, département de l'Isère.

Le département des Hautes-Alpes offre aussi plusieurs autres espèces de marbres, tels que des marbres blancs et salins, des marbres gris, etc.

DÉPARTEMENT DE L'ARDÈCHE.

1. *Marbre gris - cendré*, jaspé de gris plus foncé, presque noirâtre en zones orbiculaires et souvent irrégulières, avec quelques veines blanches, mais assez rares : il renferme aussi quelques coquilles presque noires.

Ce marbre, dont j'ai visité la carrière, qui

existe près du village du Pousin, sur les bords du Rhône, département de l'Ardèche, s'exploite à ciel ouvert, et se débite avec le plus grand succès, et, au moyen de l'embarcation sur le Rhône, il se répand dans différentes villes, telles que Valence, Aix et Marseilles, où il est fort estimé.

Le beau pont de la Drôme, qui existe entre Liveron et Loriole, est construit avec ce marbre.

On trouve à Chaumerac, près de Privas, dans l'ancien Vivarais, département de l'Ardèche, un marbre semblable à celui du Pousin. L'exploitation est en grande activité, et il y a un marbrier à Chaumerac qui en fait commerce.

Il n'existe point d'autres marbres dans ce département.

DÉPARTEMENT DES ARDENNES.

1. *Marbre rouge* de Givet.

Il est d'un rouge foncé, nuancé dans certains endroits de veines ou de taches plus claires, et contient des fragmens d'entroques, changée en matière blanche, ce qui le fait rentrer dans la classe des marbres madréporiques établie, avec beaucoup de raison, par M. Faujas.

On en voit deux petites colonnes au conseil

des Mines. Il y a encore un autre marbre, qui est connu dans le commerce sous le nom de marbre de Givet, qui est noir, veiné de blanc, et qui, par conséquent, n'a aucun rappport avec le premier.

2. *Marbre rouge* de Charlemont

Il est veiné de blanc et de rouge, et ses taches blanches son dues à des madrépores.

Outre ces deux marbres, qui sont assez connus dans le commerce, le département des Ardennes en fournit encore plusieurs autres assez estimés, tels sont ceux de Charleville, de Franchimont, de Cerfontaines, etc. ; mais en général, ils sont peu brillans en couleurs, et reçoivent un poli qui a quelque chose de terne.

DÉPARTEMENT DE L'ARRIÈGE.

1. *Marbre noir* de Moulis.

M. Mercandier, dans sa description abrégée du département de l'Arriège, dit que les anciens l'ont exploité, et que par conséquent il le met au nombre des marbres antiques.

On trouve encore deux autres marbres noirs dans le département de l'Arriège, l'un à Montaillon, l'autre à Montferrier.

2. *Marbre gris veiné de bleu*, se trouve à Montaillon.

3. *Marbre brèche violet.* Il est semblable à la brèche violette d'Italie; il n'en diffère que par ses taches qui sont beaucoup plus petites. Les plus belles variétés viennent de Seix, sur la montagne de Cos, de la vallée du Salat, et surtout du ruisseau Froid.

Ce département est très-riche en beaux marbres; il en existe des carrières immenses dans la montagne du Cos, et dans la vallée du Salat (1). On en trouve de blanc uni, qui est aussi beau que le marbre statuaire grec, de blanc panaché de rouge, de blanc veiné de gris clair, analogue au bleu turquin, de vert foncé, de vert pâle, etc. Enfin on est parvenu à en rassembler vingt-sept variétés.

DÉPARTEMENT DE L'AUBE.

Marbre lumachelle gris.

Ce marbre, qui est assez connu dans le commerce sous le nom de lumachelle grise,

---

(1) Mercandier, Ebauche d'une description abrégée du département de l'Arriège.

est formé par la réunion d'une multitude de petites coquilles et de quelques grandes cornes d'Ammon. Il prend un assez beau poli, mais sa couleur n'a rien d'agréable.

Cette lumachelle est le seul marbre que l'on rencontre dans ce département.

DÉPARTEMENT DE L'AUDE.

1. *Marbre rouge et blanc,* (dit marbre de Languedoc ou de sainte Beaume.)

Ce beau marbre est d'un rouge de feu, mêlé de blanc et de gris, disposé en zones contournées. Toutes ses parties blanches et grises sont formées par des madrépores, ce qui se voit d'une manière très-distincte quand on se donne la peine de l'examiner attentivement.

Les huit colonnes qui décorent l'arc de triomphe du Carrousel, à Paris, sont de ce marbre; on en voit aussi des contre-plaques sur les piliers de l'église Notre-Dame, sur ceux de Saint-Sulpice et de Saint-Roch.

Ce marbre, qui est encore très-estimé par la richesse de ses couleurs, étoit autrefois réservé pour l'ornement des maisons royales.

Il se trouve à Sainte-Beaume, près de Saint-

Maximin. L'exploitation s'en pousse toujours avec une grande activité.

2. *Marbre de Roquebrune.*

Il ressemble beaucoup à celui de Sainte-Beaume, mais il en diffère par ses taches qui, au lieu d'être en quelque sorte comme rubannées, sont toutes arrondies.

On le tire à sept lieues de Narbonne, et il est assez estimé dans le commerce.

3. *Marbre de Narbonne.*

Ce marbre, qui est connu sous le nom de marbre de Languedoc, et qui n'a pourtant aucun rapport avec lui, est blanc mêlé de gris bleuâtre; il est fort recherché.

4. *Marbre de Sigean.*

Il est d'un vert rembruni, mêlé de taches rouges, qui passent à la couleur de chair mêlée de grisâtre et de quelques filets verts; il ressemble à certaines parties du marbre campan, qui passent dans le commerce sous le nom de campan vert.

5. *Marbre noir coquilier.*

Il est d'un noir très-intense, et il contient

des bélemnites blanches qui font un très-bel
effet. On le tire des environs de Narbonne.

6. *Marbre jaune et violet*, des environs de Narbonne.

Ce marbre présente des taches d'un jaune
assez éclatant, sur un fond violet très-foncé.
On l'exploite aux environs de Narbonne.

Ce département est très-riche en marbres;
on y en trouve de gris, de blanchâtre, de
rouges jaspés de blanc, etc.; mais il y en a
qui, par leur gisement, sont presques inexploi-
tables. (Barante.)

DÉPARTEMENT DES BOUCHES DU RHÔNE

1. *Marbre bariolé blanc, rouge et jaune.*

Ce marbre, qui ressemble beaucoup à la
brocatelle d'Espagne, est connu dans le pays
sous le nom de marbre de Sainte-Baume; mais il
ne faut pas le confondre avec le vrai marbre
Sainte-Baume, qui est décrit pag. 358 des
marbres du département de l'Aude. De même
aussi il faut le distinguer de la vraie brocatelle, qui sera décrite à l'article des marbres
d'Espagne. Ce marbre est très-estimé, et comme

il est assez rare on l'a payé jusqu'à 6o liv. le pied cube.

2. *Marbre de Tray ou Trest.*

Il est mélangé de jaune, de quelques taches grises, rouges et blanches. Il reçoit un très-beau poli; et il se tire de Trest, à deux lieues d'Aix, dans le lieu dit Saint-Jean du-Désert.

3. *Marbre brèche d'Aix.*

Ce marbre est composé d'un fond jaunâtre, et de petites taches grises, brunes et rouges, qui se dessinent agréablement à sa surface. Il reçoit un très-beau poli, mais il n'est pas fort estimé dans le commerce. On l'exploite aux environs d'Aix en Provence.

4. *Marbre brèche de Marseille,* (dit brèche de Memphis.)

Cette brèche, dont le fond est rougeâtre, renferme de petits fragmens blancs, gris et bruns. Elle est très-employée à Paris, où elle est fort estimée. On la tire de Marseille. Je ne sais pourquoi on lui a donné le nom de brèche de Memphis, mais le fait est qu'elle ne s'appelle pas autrement dans le commerce.

Il existe encore dans ce département plu-

sieurs espèces de marbres, qui sont à la vérité
peu connus des marbriers, mais qui sont quelquefois employés dans le pays. En général,
ce département est un des plus riches en belles
espèces de marbres.

DÉPARTEMENT DU CALVADOS.

1. *Marbre de Caen.*

Ce marbre est d'un rouge sale, et il est
taché par de grandes veines grises ou blanches,
lesquelles sont uniquement composées de madrépores qui s'y montrent d'une manière non-
équivoque, soit sous la forme d'étoiles, ou simplement sous la figure de rayons divergens. Ce
marbre est donc un marbre madréporique par
excellence.

Ses carrières sont aux environs de la ville de
Caen, et quoiqu'il soit assez grossier et assez
commun, on l'emploie beaucoup à Paris, soit
pour des dessus de commodes, soit pour des
chambranles de cheminées, etc. On en voit des
tables dans la plupart des cafés de Paris, et il
est connu dans le commerce sous le nom de
marbre de Caen. Il ressemble un peu à celui
du Languedoc; mais il est plus brouillé, beaucoup moins vif en couleur, et ne reçoit pas, à
beaucoup près, un poli aussi brillant.

DÉPARTEMENT DE LA CÔTE-D'OR.

1. *Marbre de Montbart.*

Il est taché de blanc, de rouge et de jaune.
Il s'emploie dans le pays avec assez de succès.

2. *Marbre blanc*, nuancé et jaspé de taches
violettes et roses, dur et susceptible de recevoir le poli.

On le trouve à *Beaune* à *Nuit*, et à *Dijon*,
où il est employé avec succès.

3. *Marbre brèche de St.-Romain.*

Cette brèche est d'un fond couleur de brique
foncé, et contient des fragmens anguleux de
marbre couleur de jaune d'œuf.

Il en existe des carrières assez considérables
à St.-Romain, dans la ci-devant Bourgogne.

On trouve dans le département de la Côte-
d'Or un autre marbre bleuâtre, compacte, dur
et susceptible de recevoir un très-beau poli. De
plus, on y trouve deux variétés de lumachelle,
dont l'une est fauve, uniquement composée de
petites coquilles univalves, spirales; l'autre est
grise et composée d'un mélange de coquilles
bivalves et univalves.

On les emploie toutes deux dans le commerce, sous le nom de lumachelles de Bourgogne.

On voit une urne funéraire de la première variété, dans une des salles du Musée des monumens françois à Paris.

DÉPARTEMENT DES DEUX SÈVRES.

On trouve, au lieu nommé *Ardin* en Poitou, un marbre brun, qui reçoit un très-beau poli; c'est le seul que l'on exploite dans ce département.

DÉPARTEMENT DU FINISTÈRE.

On exploite dans la rade de Brest un marbre noir foncé, varié de légers linéamens blancs, et qui reçoit un fort beau poli. On trouve aussi dans les environs un marbre lumachelle rouge qui est marqué çà et là de cercles blancs, qui sont dus à des coquilles.

DÉPARTEMENT DE LA HAUTE-GARONNE.

1. *Marbre de Balvacaire.*

Le fond de ce marbre est verdâtre, et il est mêlé de quelques taches rouges et de quelques points blancs.

Il se trouve à St.-Bertrand, près Comminge,

sur les confins des départemens de la Haute-Garonne et des Hautes-Pyrénées.

On trouve aussi dans ce département un marbre blanc et noir, près du village d'Echet, et un autre gris blanchâtre à St.-Béal en Gascogne.

DÉPARTEMENT DE GÈNES.

1. *Marbre*, dit bleu-turquin.

Ce marbre, qui est très-connu dans le commerce, est d'un gris clair qui tire un peu sur le bleuâtre et qui est souvent mêlé de zones blanches, ou d'un gris plus foncé que le reste de sa pâte.

Sa cassure est écailleuse et brillante dans quelques places, et il reçoit un poli parfait. Malgré que ce marbre soit fort beau, il ne faut pas néanmoins le confondre avec le vrai bleu-turquin, qui diffère peu, à la vérité, de celui de Gènes, mais qui a quelque chose de plus fin. Il se trouve à Sitifis, dans la Mauritanie Césarienne, il est très-rare dans le commerce; car la majorité de celui qui s'emploie à Paris vient de Gènes, par Marseille.

On en fait des tables, des dessus de commodes, des socles, des balustres, etc.

Le chœur de l'église de St.-Sulpice à Paris

est entouré d'une balustrade de ce bleu-turquin. On en voit quelques plaques qui recouvrent les piliers de la même église ; en général, ce marbre est très - estimé , soit qu'il vienne de Gènes, soit qu'il vienne de la Mauritanie. Il est connu en Italie sous le nom de bradiglio.

2. Marbre blanc de Gènes.

Il est très–beau et très–propre à la sculpture ; et il se trouve aux environs de Gènes.

3. Marbre noir, veiné de blanc, du mont Alcino, près de Gènes.

4. Marbre de Serravezza.

Ce beau marbre est blanc, mélangé de pour‑pre ; et comme il est très - éclatant , les Italiens, dans l'intention de le vanter , lui prodiguent les noms de marbres antiques et plus précieux que lui, comme fior di Persico , Pavonazzo Africain, et quand ses taches rouges sont bien séparées, on le nomme Breccia di Serravezza. Il est quelquefois mêlé de taches noires (1) ; mais cela est assez rare.

____

(1) Voyez Ferber, lettres sur l'Italie.

5. *Marbre de Polcheverra*, (dit vert d'Egypte ou vert de mer.)

Ce marbre est un mélange de matière calcaire et de matière talqueuse et serpentineuse, disposées en veines, entremêlées de matière rouge.

Il faut donc distinguer deux espèces de substances dans ce marbre, l'une qui est étrangère à la substance propre du marbre qui est d'un vert plus ou moins foncé; l'autre qui est de la nature du marbre et qui comprend les parties blanches et rouges de ce même marbre.

On peut dire, en général, que ce marbre est sombre et peu agréable à la vue, et quoiqu'il soit assez estimé, il est peu propre à décorer les édifices publics; d'abord, parce qu'il est d'une couleur sombre; secondement, parce que son poli est terne et inégal; troisièmement, enfin, parce que sa nature talqueuse ne lui permet pas de résister aux intempéries de l'atmosphère, et que par conséquent il ne peut être employé au dehors. Quelques piliers de l'église de St.-Sulpice sont revêtus de ce marbre, et l'on en voit dans Paris une multitude de pièces travaillées.

Outre les marbres que nous venons de décrire, il en existe encore plusieurs autres dans le territoire de Gènes, tel, par exemple, que celui qui est connu sous le nom de *vert de Gènes*, dont la teinte est pâle et assez agréable, lequel sert à faire différens ouvrages d'ornement, et entr'autre des colonnes et des vases. Les marbres de ce département sont transportés dans l'intérieur de la France, par mer, jusqu'à Marseille, puis sur le Rhône, jusqu'à Lyon, de là par la Saône, jusqu'à Châlons, etc.

DÉPARTEMENT DU GERS.

On trouve à Aspiel, dans la vallée d'Aure, un marbre rouge et ver qui est employé dans le pays, mais qui est inconnu à Paris.

DÉPARTEMENT DE L'HÉRAULT.

1. *Marbre blanc* de St.-Pons.

Ce marbre est d'une mauvaise qualité, et l'on n'a jamais pu s'en servir pour la sculpture; d'ailleurs, la proximité des beaux marbres de Carrare est faite pour rendre plus difficile sur la qualité de celui-ci.

2. *Marbre griotte.*

Ce beau marbre est d'un brun foncé, avec des taches ovales, longues environ d'un pouce et d'un rouge de sang. Ces taches sont toutes due à des coquilles, dont le trait se dessine en noir; il faut donc le considérer comme coquillier. Cette couleur, d'un rouge rembruni, assez semblable à la *cerise griotte*, lui a fait donner ce nom; mais il renferme aussi quelquefois de grandes veines blanches, qui se dirigent transversalement aux autres taches; et que l'on évite autant que possible, parce qu'elles détruisent l'accord des autres teintes; aussi la plupart des marbriers font-ils deux espèces de ce marbre : l'une qu'ils appellent griotte de France, et l'autre griotte d'Italie; et ils n'établissent d'autres différences entr'elles que par les veines blanches qui, selon eux, ne se rencontrent jamais dans la griotte d'Italie, tandis que celle de France est sujette à en renfermer; mais c'est une distinction faite à plaisir, qui n'a d'autre but que d'augmenter la valeur de la belle griotte, en la faisant venir, soit disant, d'Italie; car le fait est, que toutes les variétés de la griotte viennent du département de l'Hérault, et qu'il ne s'en trouve point en Italie.

La griotte est un des marbres le plus en vogue dans ce moment-ci; on l'emploie beaucoup dans les monumens publics et à la décoration des meubles précieux. Le prix moyen de la belle qualité, est de 200 francs le pied cube.

La platte-bande de l'arc de triomphe du Carrousel est en griotte; les stalles de l'église Notre-Dame sont terminées par deux lambris de ce même marbre.

On trouve aussi dans ce département plusieurs marbres brèches, des variétés de marbres jaunes, de marbre gris, etc.; ils sont employés à Montpellier et dans les différentes autres villes des environs.

DÉPARTEMENT DE L'ISÈRE.

1. *Marbre blanc salin.*

Il est d'un très-beau blanc, et il se trouve aux aiguilles de Vaujany.

2. *Marbre du Tensin.*

On trouve au Tensin, en Dauphiné, un marbre d'un gris clair, avec des fragmens d'un rose vif nuancé, et d'autres taches d'un brun de chocolat, plus ou moins foncé; il est très-agréable à la vue, et il reçoit un beau poli.

3. *Marbre ferrifère de Vizille.*

Ce marbre n'est autre chose qu'un fer spathique compacte: il est d'un blanc jaunâtre, veiné de brun roussâtre ; et il reçoit un poli brillant mais comme il est très-riche en fer , puisqu'on l'exploite aussi avec beaucoup de succès comme mine de fer , il est d'une pesanteur très-considérable et sujet à se rouiller , pour ainsi dire , et à s'altérer sensiblement ; néanmoins on l'exploite aussi comme marbre , et l'on en fait des vases , des pyramides et de petits socles. Il se trouve à Vizille et à Prémole, près de Grenoble.

4. *Marbre brèche de Seissin.*

Cette brèche est composée de fragmens de marbre noir , rayé de lignes noires moins foncées et parallèles entr'elles. Ces taches noires et anguleuses sont entourées d'une pâte d'un jaune vif , en sorte qu'au premier coup-d'œil , ce marbre ressemble à du portor. On y trouve par places des fragmens de marbre blanc nuancés de rose ou de violet ; mais ils y sont rares.

Ce marbre , qui est plus éclatant que le portor ordinaire, se trouve à Seissin en blocs isolés , qui proviennent de la chaîne de montagnes de Teys , et qui sont susceptibles de fournir des tables assez étendues, en ayant soin toutefois d'éviter les terrasses auxquelles il est assez sujet.

(Communiqué par M. Héricart.)

1. *Marbre madréporique de Mons*, (petit gris, ou petit granit des marbriers.)

Il est d'un gris presque noir, et est taché par une multitude, non pas de coquilles, comme le dit M. Brongniard, mais par des fragmens de petits entroques qui forment autant de petites taches grises. Il renferme aussi quelques coquilles, mais elles y sont rares.

Ce marbre, qui n'a ni la couleur, ni la dureté, ni le poli en sa faveur, qui, lorsqu'on le travaille, répand une odeur infecte, est cependant très-employé dans le commerce. Il se trouve aux Ecaussines, près de *Mons*, où il a été découvert nouvellement par M. Piron, membre de l'Athénée des Arts de Paris.

2. *Marbre de Sobre.*

Le fond de ce marbre est cendré et mêlé d'un peu de bleu, avec des taches noires, mêlées à des veines blanches et aurores.

On le tire du village de Sobre - St. - Géry, près de Beaumont en Hainaut, dans la carrière de Pacagne.

3. *Marbre de Fontaine-l'Evêque.*

Il est rouge, veiné de blanc et de diverses autres couleurs, de sorte qu'on distingue quatre autres variétés de ce marbre qui, malgré qu'on leur ait donné des noms particuliers, ne sont que de simples modifications du même.

Le premier s'appelle le prêcheur.

Le second, le marqueté.

Le troisième, le blanc et rouge; et le quatrième, l'arlequin.

Nous pourrions encore citer plusieurs marbres qui appartiennent à ce département, mais ils n'intéressent point les marbriers, parce qu'ils sont d'une mauvaise qualité, et qu'on ne les exporte nulle part. Tel est celui de Reulies, près de Sobre-Saint-Géry, qui est d'une couleur cendrée, veinée de blanc.

DÉPARTEMENT DU JURA.

Plusieurs marbres communs, rouges et jaunes, parmi lesquels on distingue le marbre de Dôle, forment toute la richesse de ce département par rapport à cette production.

DÉPARTEMENT DU LÉMAN.

On trouve, à deux lieues et demie de Genève,

une carrière de marbre veiné de rouge, de blanc, de gris et de noir. On le scie, on le travaille sur le lieu même. C'est presque le seul dont on fasse usage à Genève et dans tout le pays de Vaud; on en transporte à Lyon des tables polies, qui présentent quelquefois des restes de coquilles et des madrépores.

DÉPARTEMENT DU LOT.

On trouve dans le diocèse de Cahors un marbre rouge, veiné de blanc et de bleu; et dans le même canton, un autre marbre rouge, veiné de blanc ou de gris verdâtre.

DÉPARTEMENT DE MAINE-ET-LOIRE.

1. *Marbre gris et blanc, veiné de rouge vif,* faussement appelé *marbre fleur de pêcher.*

Je ne sais pourquoi on lui a donné ce nom, car il n'a absolument aucun rapport avec ce marbre antique.

2. *Marbre gris, veiné de blanc,* connu sous le nom de marbre d'Angers.

Il ne faut pas confondre, avec les marbres de ce département, une espèce d'ardoise noire, que l'on polit et que l'on taille dans le pays, et dont on se sert pour faire des dessus de tables.

DÉPARTEMENT DE MARENGO.

L'on m'a assuré qu'on trouve à Lu, à sept lieues de Turin, dans le Mont-Ferrat, une belle lumachelle qui reçoit un poli très-vif.

DÉPARTEMENT DE LA HAUTE-MARNE.

1. *Marbre de Langres.*

Il est composé d'une multitude de madré-pores, qui sont colorés en jaune par une espèce de rouille.

Les colonnes du portail de la cathédrale de Langres sont faites avec ce marbre.

2. *Marbre gris-brun, des environs de Langres.*

Il contient des coquilles de différentes grandeurs et de différentes formes. On le trouve au-dessous de Langres, au bord de la Marne, et il a été employé avec succès.

3. *Marbre gris-blanc,* nuancé de taches roses.

Il est compacte, et susceptible de recevoir un beau poli. On l'exploite à Chaumont.

DÉPARTEMENT DE LA MAYENNE.

1. *Marbre noir d'Argentré.*

Il n'est pas d'une très-belle qualité, et il se trouve à Argentré près Laval.

2. *Marbre de Saint-Berthevin.*

C'est un marbre, jaspé de rouge, de blanc et de gris d'ardoise. On le trouve à une lieue de Laval.

3. *Marbre rouge, mêlé d'un blanc sale.*

On le tire du même pays.

On trouve encore plusieurs autres marbres communs dans ce même département; mais en général, ils ne sont pas fort estimés.

DÉPARTEMENT DU MONT-BLANC.

1. *Marbre blanc, veiné de gris.* -

Ce marbre, étant mêlé de matière siliceuse, a la propriété particulière de faire feu avec le briquet; ce qui ne se voit jamais dans les autres marbres. Mais par la même raison qu'il est beaucoup plus dur que les marbres ordinaires, il doit être aussi beaucoup plus solide,

il est aussi un peu plus pesant que les autres.
Il est d'un blanc assez éclatant, et il est mêlé
de veines grises peu nombreuses. Les Romains
l'ont exploité et mis en œuvre dans plusieurs
de leurs monumens.

On le trouve au Pont-de-la-Bride, dans la
vallée de Bausel, près de Moutiers. (Communiqué par M. Héricart.)

2. *Marbre cipolin.*

On trouve au village de la Tuile une très-belle espèce de cipolin.

La colonne antique de Joux ou de Jupiter,
qui s'élève sur le col du petit Saint-Bernard,
est faite avec ce même marbre cipolin (1).

3. *Marbre brèche de Tarentaise*, (dit brèche de Tarentaise.)

Cette brèche est composée d'une pâte violette et de petits morceaux de marbres blancs,
jaunes, et quelquefois noirâtres, engagés dans
cette espèce de ciment.

On la trouve à la Villette, au-dessus de
Moutiers, sur la rive droite de l'Isère. (Communiqué par M. Héricart.)

---

(1) Cambry, Monumens celtiques, pag. 264.

On l'emploie beaucoup à Grenoble et même à Paris; et elle y est très-estimée, tant par sa belle couleur, que par le brillant poli qu'elle est susceptible de recevoir.

On trouve aussi, dans le département du Mont-Blanc, une espèce de brèche jaune, qui offre des taches anguleuses d'une couleur plus claire. Il a quelques légers rapports avec certains marbres jaunes antiques.

DÉPARTEMENT DE LA NIÈVRE.

On trouve peu de marbres dans l'ancien Nivernois, et ceux qu'on y rencontre sont généralement communs. La meilleure preuve qu'on en puisse donner, c'est qu'ils s'employent seulement dans le pays, et qu'on ne les transporte point au loin, comme on le fait pour les marbres qui en valent la peine. Cependant l'on y exploite un marbre rouge, taché de jaune, qui ressemble grossièrement à celui que l'on appelle marbre cervelas; un autre, qui a l'aspect de la griotte, et qui se trouve aux environs de Cosne, et plusieurs autres du même canton, qui sont plus ou moins estimés dans le pays.

1. *Marbre de Rance.*

On trouve au village de Rance, près d'A-
vesne en Hainaut, à deux lieues de Baumont,
un marbre blanc, mêlé de rouge-brun, avec
des veines blanches, cendrées et bleues. Il est
communément employé dans le commerce, et
il est estimé en raison de sa beauté.

2. *Marbre de Barbançon.*

On trouve à Barbançon, en Hainaut, un
marbre noir, veiné de blanc, qui ressemble
un peu au petit antique.

Ce marbre, assez commun, est néanmoins
fort estimé, quand sa couleur noire est bien
foncée et que le blanc se dessine à sa surface
en veines pures et déliées.

3. *Marbre de Clermont.*

On tire de Clermont, c'est-à-dire, à une
lieue de Barbançon en Hainaut, un marbre
d'un gris cendré-clair, joint à une légère nuance
de violet et mêlé de taches noires, de veines
blanches et aurores.

La carrière d'où l'on tire la plus belle qualité se nomme la Pacagne.

4. *Marbre de Trelon.*

On exploite près du bourg de Trelon, à deux lieues d'Avesne, un marbre rouge et jaunâtre, qui reçoit un assez beau poli.

5. *Marbre de Grandrieux.*

Il est gris, noir, et présente des veines, blanches.

On le trouve à Grandrieux, à trois lieues de Maubeuge.

6. *Marbre brèche de Doulers.*

Ce marbre est formé par la réunion d'une multitude de fragmens de marbres couleur cendrée, blancs ou rougeâtres. On l'exploite à Doulers, à cinq lieues de Barbançon. On en trouve un à-peu-près semblable à Ogimont, dans le pays d'Avesne en Hainaut.

7. *Marbre brèche d'Estroeng-la-Rouillie.*

Il est composé de morceaux de marbre verdâtres et cendrés.

Le département du Nord est très-riche en marbres : car outre ceux que nous venons de décrire, il s'en trouve encore beaucoup d'autres tels que celui d'Estries, qui ressemble beaucoup à celui de Clermont; un autre qui ressemble un peu au marbre rance, et qui se tire de Liessies près d'Avesnes.

DÉPARTEMENT DE L'OURTHE.

1. *Marbre noir de Theux.*

Il est d'un très-beau noir, et il est veiné de fils imperceptibles de couleur blanche.

On le trouve à Theux, près de Spa, pays de Liége.

Marbre de Hon.

Le marbre de Hon, assez connu dans le commerce, vient des environs de Liége. Il est d'une couleur grisâtre et blanche, mêlée de taches d'un rouge sanguin. Lorsqu'il est bien poli, il fait un assez bel effet.

On en fait des tables, des chambranles, des vases, des socles, etc.

DÉPARTEMENT DE PARME.

On ne rencontre guère, dans le pays de Parme, que deux marbres assez connus dans le pays.

L'un est le marbre vert, *di pratolino*, qui est d'un vert de feuille morte;

L'autre est le marbre de Massa, qui est une espèce de brèche qui ressemble à celle de *Serravezza.*

On la trouve près du lieu dit *Forno* et la *Tambura.*

DÉPARTEMENT DU PAS-DE-CALAIS.

1. *Marbre noir.*

Ce marbre n'est point estimé, à cause du peu d'intensité de sa couleur qui est grisâtre par place.

2. *Marbre brocatelle de Boulogne.*

Il est tacheté et veiné de rouge, de sorte qu'on peut le considérer, jusqu'à un certain point, comme une espèce de brocatelle, mais dont les taches sont plus grandes que dans celle d'Espagne.

3 *Marbre gris, rose et blanc.*

Il est disposé par taches ou par veines.

Il y en a deux variétés, qui diffèrent peu l'une de l'autre.

4. *Marbre brun.*

Il est taché par places d'une couleur moins foncée que la pâte, et varié de veines et de linéamens blancs.

5. *Marbre d'un rouge foncé.*

Il est varié de taches grises, qui sont dues à des madrépores ou à des corps organisés de la même famille.

6. *Marbre de Boulogne*, (vulgairement marbre Napoléon.)

On a découvert nouvellement, près de Boulogne-sur-mer, une espèce de marbre couleur de café au lait qui présente des veines blanches, grises et rousses, dont la contexture est lamelleuse dans certaines places, et compacte dans d'autres, qui reçoit un assez beau poli et qui est susceptible d'être employé avantageusement, soit à la décoration des monumens publics, soit à l'ameublement des maisons particulières. Il offre encore plusieurs autres avantages, tels que de pouvoir fournir des pièces d'un grand volume, et d'être, quoique solide, d'un poids très-modéré; puisque le pied cube ne pèse que 180 liv. terme moyen.

Si ce marbre a quelque succès dans l'emploi que l'on commence à en faire dans le département du Pas-de-Calais, il sera aisé de le transporter à Paris ou ailleurs, par la voie du Havre, de Rouen, ect.

Ce qui a donné l'occasion de découvrir ce marbre, c'est la colonne que les troupes du camp de Saint-Omer, après une grande victoire, votèrent à la gloire de l'Empereur, pour être élevée à Boulogne, sur le bord de la mer ; alors l'on fit des recherches pour trouver des matériaux propres à la construction de ce monument ; et après plusieurs fouilles, M. Piron découvrit ce marbre ; et il s'empressa de donner, et à la carrière et au marbre qu'on en tire, le nom de *Napoléon*.

Le département du Pas-de-Calais renferme encore plusieurs autres marbres : tel est celui de Stingal, de Lingon, etc.

DÉPARTEMENT DU PÔ.

1. *Marbre blanc statuaire* de Ponté, à 5 lieues de Turin.

Il est grenu comme celui de Carrare, mais son grain est beaucoup plus fin : c'est avec ce marbre que sont faits les mausolées des rois de Sardaigne, qui sont déposés dans les caveaux de l'église de la Supergue près de Turin(1).

______

(1) Saussure, paragr. 1092.

2. *Marbre vert de Suze*, (verde di Suza des Italiens.)

On trouve à Suze un marbre vert et blanc, qui ressemble beaucoup au vert antique, (verde des Italiens). On le tire de Suze en Piémont, département du Pô.

3. *Marbre de Gassino*, (marmo di Gassino.)

Ce marbre, dont on fait de fort belles colonnes, est d'un gris clair, taché par des coquilles qui se détachent assez bien du fond. On le tire à quelques lieues de Turin, au lieu nommé Gassino (1).

DÉPARTEMENT DU PUY-DE-DÔME.

1. *Marbre de Nonette.*

On exploite, au bourg de Nonette en Auvergne, un marbre lumachelle gris de perle, dont les coquilles, de l'espèce des vis, sont changées en matière siliceuse, et qui, malgré cette différente dureté dans les parties constituantes de ce marbre, est assez facile à polir.

On l'emploie beaucoup dans toute l'Auvergne,

____

(1) Ferber, Lettres sur l'Italie, pag. 470.

parce qu'il y est à très-bon compte, et que l'exploitation en est facile.

(Communiqué par M. J. P. Brès.).

DÉPARTEMENS DES PYRÉNÉES (1).

1. *Marbre blanc de Loubie.*

La cassure de ce marbre présente de grandes écailles demi-transparentes, semblables à celles que l'on remarque dans l'intérieur du marbre de Paros. Il se prête facilement à la sculpture ; mais il est rare d'en trouver des blocs parfaitement blancs ; il est presque toujours veiné de gris : néanmoins, à défaut de marbre statuaire plus parfait, on s'en sert dans le pays, et il est même possible qu'en continuant de l'exploiter, il devienne plus pur et d'une qualité supérieure à celui qu'on emploie actuellement.

2. *Marbre blanc de Bayonne*, (Basses-Pyrénées.)

Ce marbre blanc a le grain moins fin que celui de Carrare, et s'approche par-là du pré-

______

(1) Nous réunissons les trois départemens des Pyrénées-Orientales, des Basses-Pyrénées et des Hautes-Pyrénées.

cédent ; mais il a le défaut de jaunir promptement et de se tacher avec le temps ; malgré cela, on s'en sert à Bayonne pour les ouvrages
de sculpture ; et sa couleur blanche , symbole
de l'innocence, lui a valu , dans le pays , le nom
de *marbre vierge*.

3. *Marbre de Bielle*, (Basses-Pyrénées.)

Ce marbre est gris et paroît presqu'entièrement composé de débris de corps marins ; il
se présente en masses assez considérables.

On en trouve un presqu'entièrement semblable à la *Pene d'Escot*, excepté qu'il présente
des taches blanches très-apparentes.

4. *Marbre de Lescun*, (Basses-Pyrénées.)

On exploite, au bourg de Lescun, dans la
vallée d'Aspe , et particulièrement près du pont
de Léscun, un marbre vert uni qui est assez
agréable (1).

3. *Marbre de Sauveterre* , Basses-Pyrénées.)

On peut considérer ce marbre , jusqu'à un
certain point, comme une brèche dont le fond

____

(1) Minéralogie des Pyrénées , pag. 60.

noir contraste avec les taches blanches et anguleuses qui se remarquent à sa surface.

6. *Marbre de Barège*, (Hautes-Pyrénées.)

Ce marbre, que l'on exploite aux environs
de Barège, est blanc, veiné de linéamens verts
et entrelacés.

7. *Marbre de Campan*, (Hautes-Pyrénées.)

Le marbre de Campan est un mélange de
matière calcaire et de matière talqueuse.

La première forme le fond de ce marbre; la
seconde, les veines entrelacées que l'on remarque à sa surface.

Les marbriers ont fait trois espèces distinctes
de campan, de ce qui doit n'être réellement
considéré que comme de simples variétés, et ils
les ont distinguées sous les noms 1°. de campan vert; 2°. de campan isabelle ; 3°. de campan
rouge ; mais ce sont de si foibles modifications,
bien loin d'être des espèces, qu'on les trouve
très-souvent réunies dans une même pierre.
Néanmoins, pour donner plus de clarté à
notre description, nous prendrons ces trois
parties séparément, comme nous l'avons dejà
fait pour la brèche violette antique (dite brèche
d'Alep); et nous les supposerons ensuite réunies

ensemble et formant, par leur association, le marbre campan proprement dit.

A. *Marbre Campan vert.*

Il est d'un vert-d'eau très-pâle, et présente à sa surface des linéamens d'un vert beaucoup plus foncé qui, en s'entrelaçant les uns dans les autres, forment un espèce de réseau à mailles allongées.

B. *Marbre Campan isabelle.*

Sa base est d'un rose tendre, et elle est variée, comme le précédent, de veines ondoyantes de talc vert.

C. *Marbre Campan·rouge.*

Cette troisième variété est d'un rouge sombre, veiné de rouge plus sombre encore, et semblable, jusqu'à un certain point, à quelques parties du marbre griotte.

Il faut maintenant, pour se former une idée vraie du marbre Campan, proprement dit, se représenter ces trois variétés accolées les unes aux autres, et formant de grandes bandes qui ont depuis quelques pouces jusqu'à deux, trois et même six pieds de largeur, et qui font un fort bel effet, lorsqu'on les observe sur des masses, où elles peuvent se développer dans toute leur étendue, contraster les unes avec les autres, et se faire valoir mutuellement.

Lors donc que le marbre Campan est employé en grandes masses, il peut être considéré comme l'un des plus beaux et des plus riches marbres qui existent. Mais il ne faut point exposer à l'extérieur, parce que la partie talqueuse commence par s'exfolier, puis se séparer du reste de la masse, et finit par laisser des creux à sa place, ce qui rend sa surface rabotteuse et inégale. Mais il est très-employé dans l'intérieur des édifices particuliers: on en fait des dessus de commodes, des chambranles de cheminées, des socles de pendules, etc.

Il existe des carrières immenses de ce beau marbre au bourg de Campan, à une lieue de Bagnère dans les Hautes-Pyrénées, et elles ont été long-temps exploitées pour le compte du roi (1).

8. *Marbre de Sarencolin*, (Hautes-Pyrénées.)

Le marbre connu dans le commerce sous

---

(1) Ramond, Observations faites dans la Pyrénées, pag. 135.

le nom de sarencolin ou de serencolin, présente à sa surface de grandes bandes droites, et des taches anguleuses qui sont grises, jaunes ou d'un rouge de sang, de sorte qu'au premier coup-d'œil il a une fausse ressemblance avec le marbre appelé le *sicile*.

Ce marbre, comme son nom l'indique assez, se trouve à Sarencolin au lieu nommé *Valdor*, dans la ci-devant Gascogne. La belle qualité en est rare, et l'on assure même que la carrière d'où on tiroit le plus parfait est totalement épuisée.

Le marbre que l'on connoît sous le nom vulgaire de brèche caroline ou serencoline, paroît n'être qu'une modification du marbre sarencolin.

9. *Marbre d'Antin*, (Hautes-Pyrénées.)

Ce marbre est d'un fond blanc, et présente à sa surface des veines d'un rouge de feu, qui forment quelquefois des accidens très-agréables.

Il se trouve à Verey, dans les Pyrénées, et, suivant M. de Cambry qui, presque encore à la fleur de son âge, vient d'être enlevé aux sciences et aux arts qu'il cultivoit avec autant d'aptitude que de succès, il tire son nom de sa couleur : car *antain*, en ancien celtique, signifie *de feu*, (*an tan*, *de feu* (1),) d'où est venu marbre antin, marbre de feu.

10. *Marbre brèche*. (Hautes-Pyrénées.)

On trouve dans les Hautes-Pyrénées une petite brèche, dont la pâte est d'un jaune d'orange clair, et qui renferme de petits fragmens d'un blanc très-éclatant. Cette charmante brèche reçoit un fort beau poli, et fait un très-bel effet lorsqu'elle est employée. On peut en faire des vases, des plaques, des socles, etc.

11. *Marbre* qui présente des taches, dont le centre est rose et dont les bords sont blancs, et qui sont traversées par des veines verdâtres. (Hautes-Pyrénées.)

12. *Marbre brèche*, dont les taches sont noires et réunies par un ciment jaune ; il se trouve dans différens cantons des Hautes-Pyrénées.

13. *Marbre* du château de Ville-Franche, Py-
(rénées-Orientales.)

Ce marbre est rouge, blanc et vert, et ses carrières sont situées sous le château même de

_____

(1) Cambry, Monumens Celtiques, pag. 347.

Ville-Franche, non loin de la ville de ce nom. On en trouve aussi une variété qui est presque totalement rouge.

14. *Marbre brèche*, (dit Brèche des Pyrénées.)

Le fond de ce marbre est d'un rouge brun, et présente des taches moyennes noires, grises ou rouges. Cette brèche est très-estimée, et reçoit un fort beau poli ; elle est connue des marbriers sous le nom de *brèche des Pyrénées.*

Les Pyrénées sont, sans contredit, la chaîne de montagnes la plus riche en marbres ; car outre ceux que nous venons de décrire, et qui ne sont strictement que les plus importans, il en existe une infinité d'autres.

On en trouve par exemple

De vert et rouge, aux environs de Sentem.

De rouge et blanc, nuancé de gris, qui ressemble à celui de Sainte-Baume.

De brun, taché de blanc.

De vert clair, nuancé de vert foncé, et formant des taches anguleuses entourées de linéamens jaunes.

De couleur de chair, veiné de vert tendre.

De lilas, presqu'uni.

De violet, taché de blanc, et se rapprochant par-là de la brèche violette antique.

De noir foncé, avec quelques lignes blanches qui le traversent en sens opposés, et qui forment des carrés assez réguliers.

De noir, renfermant de grandes belemnites blanches, qui par leur forme conique et leur blancheur éclatante, tranchent nettement sur leur fond obscur. Ce marbre prend un fort beau poli.

De violet, orné de taches grises et brunes, et formant une brèche assez belle.

De rouge, semblable à la griotte de l'Hérault.

De noirs, veinés de blanc.

De gris, tachés de blanc.

Enfin beaucoup d'autres encore plus ou moins estimés, plus ou moins propres à la décoration, et dont plusieurs pêchent par un excès d'argile, qui nuit beaucoup à leur solidité et à leur emploi dans les arts. Tels sont ceux des environs du village d'Aigun.

DÉPARTEMENT DU BAS-RHIN.

Le département du Bas-Rhin n'est point riche en marbres ; cependant M. Graffenauer, dans sa Minéralogie d'Alsace, nous assure qu'aux environs de Schirmeck on trouve du marbre

diversement coloré, et qu'il est veiné de gris,
de brun, de rouge, de bleu et de violet. Il
ajoute aussi qu'on découvre, dans la pâte de ces
marbres ; des restes d'astroïtes, d'entroques et
de différens autres corps marins ; que ces marbres avoient été plus en vogue qu'ils ne le sont
actuellement, puisqu'on avoit établi à Schirmeck un moulin propre à scier, tailler et polir
ces marbres (1). On trouve aussi dans le Rhin
des morceaux arrondis de marbre ruiniforme,
qui ressemble assez bien à celui de Florence.

DÉPARTEMENT DU HAUT-RHIN.

On exploitoit autrefois des carrières de marbre
à Giromagny ; il étoit blanchâtre et rougeâtre,
et les veines étoient sensiblement parallèles.

DÉPARTEMENT DE SAMBRE-ET-MEUSE.

1. *Marbre noir de Dinan.*

On tire près de Dinan un marbre d'un assez
beau noir, mais qui, néanmoins, ne soutient
pas la comparaison du marbre noir antique.
Il répand une odeur bitumineuse lorsqu'on

____

(1) Graffenauer, Minéralogie d'Alsace, p. 40.

le frappe avec un corps dur. Il sert pour la sculpture et pour le carrelage des églises. On en trouve quelquefois qui est sablé de points blancs.

2. *Marbre noir de Thée.*

Il est d'un noir pur; il est tendre et facile à tailler; il reçoit un beau poli, supérieur même à celui de Dinan : il est très-propre à la sculpture.

3. *Marbre noir de Namur.*

Le marbre noir de Namur n'est pas d'une aussi belle couleur que celui de Dinan, car il tire souvent sur le gris ardoisé, et il est traversé par des veines grisâtres assez nombreuses.

Ce marbre s'exporte en Hollande, sous la forme de carreaux propres à paver les maisons : ce qui forme, pour le pays, une assez forte branche de commerce. Ce même marbre présente quelquefois, quand il est poli, de très-petits points blancs qui ne sont presque visibles qu'à la loupe.

4. *Marbre noir coquiller de Seille.*

On trouve à Seille, distant de trois lieues de

Namur, un marbre d'un très-beau noir, qui renferme quelques coquilles d'un blanc éclatant; il reçoit un fort beau poli.

Ces différens marbres noirs sont fort employés dans le commerce, soit, comme nous l'avons déjà dit, pour le carrelage des églises, soit pour des inscriptions ou des monumens funèbres; mais ils perdent aisément le lustre de leur poli, et ils prennent, bientôt après, une teinte grise peu agréable.

5. *Marbre de* Sainte-Anne.

On distingue deux sortes de marbres dans cette espèce.

La première est d'un gris assez foncé et présente, à sa surface, de jolies taches blanches où l'on remarque souvent les restes de certains corps marins de la famille des madrépores; et c'est à cette première variété qu'on donne particulièrement le nom de *Sainte-Anne*.

La seconde est d'un gris beaucoup moins foncé, et ne présente, à sa surface, que des taches irrégulières et sales. C'est de ce marbre qu'on se sert si souvent à Paris pour des dessus de commodes, des chambranles, des tables de café, etc. Néanmoins, il commence un peu à tomber depuis qu'on a introduit dans le chantier de marbriers ce vilain marbre du département de Jemmappes connu sous le nom de petit granit.

On peut placer, à côté du marbre de Sainte-Anne, celui de l'abbaye de Leff, qui lui ressemble beaucoup.

6. *Marbre de Thilaire.*

Il est d'un gris cendré très-clair et renferme une infinité de petits corps marins. Il reçoit un beau poli et se tire du bourg de Thilaire, près de Namur.

On trouve aussi à Saint-Gérard un marbre gris clair, qui passe quelquefois au gris jaunâtre.

7. *Marbre de Leff.*

Il est d'un rouge pâle et présente de grandes veines blanches bordées de gris , ce qui le fait ressembler à celui que l'on tire de Ste.-Beaume; il renferme aussi, comme lui, des restes de madrépores encore très-reconnoissables; de même aussi il a assez de ressemblance avec le Saint-Remy que l'on exploite près de Namur.

8. *Marbre brèche de Vaulfort.*

On trouve à Vaulfort, entre Dinan et Givet, près d'Hastier-sur-Meuse, un marbre brèche à taches noires, grisâtres et blanches, sur un fond rougeâtre : c'est absolument la même brèche que celle que l'on connoît sous le nom de *brèche de Dourlais.*

On en voit de grandes plaques qui recouvrent les piliers de l'église de Saint-Roch. Elle prend un assez beau poli. La brèche grise des marbriers paroît aussi n'être qu'une simple variété de ce marbre de Vaulfort.

On trouve encore dans ce département différens marbres assez communs, parmi lesquels on remarque :

Le marbre brun de Gaucheuil, près Dinan, qui est d'un rouge brun parsemé de quelques veines blanches et déliées ;

Le marbre de Houx-sur-Meuse, à une lieue de Dinan, qui est d'un rouge sale et pâle, et qui ne reçoit qu'un poli inégal et terne ;

Enfin quelques brèches grossières et très-communes.

DÉPARTEMENT DE SAÔNE-ET-LOIRE.

1. *Marbre noir.*

On le trouve au village de Framayes, près Mâcon.

2. *Marbre rouge et blanc.*

On le trouve au village de Salustré, à une lieue de Mâcon.

3. *Marbre rouge et blanc coquiller.*

On l'exploite près de Châlons-sur-Saône, et les obélisques qui sont élevés sur le pont de cette ville, sont faits avec ce marbre, qui est d'un rouge assez foncé, mais qui s'altère à l'air.

4. *Marbre de Tournus.*

On exploite près de la petite ville de Tournus, à sept lieues de Mâcon, et 22 de Lyon, un marbre couleur de poterie rouge, qui ne reçoit pas un fort beau poli, et qui néanmoins est très-employé par les marbriers de Lyon : ils en font des tables, des chambranles de cheminées, des vases, etc.

DÉPARTEMENT DE LA SARTHE.

1. *Marbre de Sablé.*

On trouve, près de la ville de Sablé, entre la Flèche et Angers, un marbre dont le fond jaune est veiné de rouge et blanc, et un autre qui est moins rouge et qui est taché de blanc et de noir; il est employé dans le pays.

2. *Marbre noir veiné de blanc.*

On le tire de l'abbaye de Saint-Serges en Anjou.

On rencontre aussi, dans le département de la Sarthe, un marbre noir uni, de mauvaise qualité, et un marbre gris veiné de blanc et de rose.

DÉPARTEMENT DE LA SEINE.

On trouve à Mont-Rouge, près de Paris, une pierre d'un jaune isabelle, avec des taches irrégulières d'un brun assez foncé, et transparentes. Cette espèce de marbre reçoit un fort beau poli, et peut se travailler aisément : c'est ce que les carriers appellent la masse.

DÉPARTEMENT DE LA SEINE-INFÉRIEURE.

Marbre de St.-Etienne.

On trouve à St.-Etienne, près de Rouen,

canton d'Elbeuf, plusieurs variétés de marbre jaunes, rayés ou jaspés de jaune plus foncé, avec des dendrites ou des arborisations noires et déliées. Ces marbres reçoivent un très-beau poli ; et M. Torcy a trouvé un moyen de les polir d'une manière économique.

DÉPARTEMENT DE SEINE-ET-MARNE.

1. *Marbre de Chateau-London.*

On découvrit, en vendémiaire an XII, les carrières de ce marbre qui est d'un jaune très-pâle, et qui renferme de petites coquilles peu apparentes, et des veines blanchâtres et translucides.

Le beau pont de Nemours est construit avec ce joli marbre.

2. *Marbre gris, jaune, vert et bleu,* par taches ou par nuances indéterminées.

Ce marbre qui est fort dur, et qui reçoit un très-beau poli, se trouve en grands bancs dans la côte sablonneuse et marneuse qui a été coupée par l'ouverture du canal de l'Ourcq, entre la porte de St.-Remi à Meaux et la roche Gregni. On peut l'employer avec le plus grand succès.

(Communiqué par M. Héricart.)

DÉPARTEMENT DE LA STURA.

On trouve dans le département de la Stura , plusieurs espèces de marbres. Il y en a de blanc sale , de gris imitant le bleu-turquin , de jaune-foncé , veiné de blanc , et plusieurs espèces de brèches.

DÉPARTEMENT DU VAR.

1. *Marbre de St.-Maximin*, (dit marbre portor.)

Le beau portor vient de St.-Maximin : il est noir, veiné de jaune éclatant, et cette couleur fait un fort bel effet sur la première qui , dans la belle qualité, est d'un noir extrême-ment foncé.

Ce marbre est très-estimé dans le commerce, où il porte le nom de *portor,* à cause de ses jaunes.

2. *Marbre d'un jaune isabelle ,* presqu'uni.

Il reçoit un fort beau poli , et est assez agréable à la vue.

DÉPARTEMENT DE LA VIENNE.

Marbre blanc, de l'arrondissement de Civrai, près du château de *Vareilles*, non loin d'Availles Lemousine, à douze lieues sud de Poitiers.

Il est d'un beau blanc, d'un grain fin et serré, dur et susceptible de recevoir un poli très-brillant. Le seul défaut qu'on lui reproche, c'est d'être trop dur; mais certainement ce n'en est pas un; car il seroit à désirer que tous les marbres eussent cette perfection.

On exploite à la Bonardellière un autre marbre blanc, qui pèche au contraire du côté de sa dureté, qui n'est point assez considérable; moins on l'exploite avec assez de succès.

DÉPARTEMENT DES VOSGES.

Il existe une belle carrière de marbre près de Framont, dans la montagne appelé *Mathiskopf.* Elle fut exploitée anciennement avec beaucoup de succès. Les marbres qu'on en re-

____

(1) Mémoire sur la minéralogie du département de la Vienne, faisant partie des travaux de la Société de Poitiers.

tire encore sont disposés en couches horizontales ; leur principale couleur est le blanc, pénétré de rouge ou de noirâtre, ou le gris presqu'uni. On trouve aussi, dans la chaîne des Vosges, quelques marbres brèches peu importans pour le commerce, et qui ne méritent pas la peine qu'on les décrive chacun en particulier.

ILE DE CORSE,

Formant les deux départemens françois du Liamone et du Golo et île d'Elbe.

1. *Marbre blanc statuaire.*

Il est d'un grain fin et serré, d'une blancheur laiteuse, sans veines ni taches, et peut être comparé, pour la qualité, à celui de Carrare (1).
On le trouve à Ortiforio.

Il existe aussi un marbre blanc-terne et grossier à Erbalonga.

2. *Marbre gris*, (bardiglio des Italiens.)

Il se trouve à Laguilaya, au-dessus du Poggio di Nazza.

3. *Marbre cipolin.*

On trouve le marbre cipolin dans plusieurs

______

(1) Barral, Histoire naturelle de la Corse.

cantons de la Corse : il y en a à Corté, département du Golo, dont le grain est fin et compacte et dont les veines verdâtres se déploient
agréablement sur son fond blanc.

Au cap Corse, on trouve aussi du cipolin;
enfin, à Erbalonga on en rencontre dont le
fond est jaunâtre, et dont les veines sont d'un
vert pâle.

4. *Marbre gris, veiné de blanc*, dont le
grain est fin et qui se rencontre tantôt taché, tantôt rubanné.

On le trouve à Corté.

5. *Marbre blanc terne*, veiné de rouge sanguin et formant une sorte de brèche à grain
extrêmement serré.

On le trouve à Laguilaya et à Corté.

6. *Marbre de Ste. Catherine.*

On trouve à Ste.-Catherine, dans l'île d'Elbe,
des carrières immenses de marbre blanc, veiné
de vert noirâtre, qui a quelques rapports avec
celui du lac Majeur. On trouve aussi dans cette
île, de très-beau cipolin.

On trouve encore plusieurs autres marbres

en Corse et à l'île d'Elbe; mais ils sont peu nombreux.

Telles sont à-peu-près les principales variétés des marbres de France, je dis à-peu-près car je n'ai point eu la prétention de les faire connoître toutes sans exception, cela seul eût fait un volume entier, tant leurs espèces sont nombreuses et variées. Il en sera de même de ceux d'Italie, d'Espagne, etc., que nous allons passer en revue, et parmi lesquels nous choisirons ceux qui sont les plus beaux et les plus connus dans le commerce.

§ III.

MARBRES D'ITALIE (1).

1. *Marbre blanc de Padoue.*

Sa qualité est inférieure à celle du marbre blanc de Carrare et de Gênes; néanmoins l'on en a bâti plusieurs palais. C'est le marbre *rovigio* des Italiens.

2. *Marbre blanc de Saint-Julien.*

On trouve dans le territoire de Pise, à Saint-

______

(1) Je comprends l'Italie dans l'étendue où les nou-

Julien, un marbre blanc, dont le grain est plus fin que celui de Carrare, et qui, malgré cela, ne se polit pas aussi bien que lui.

La cathédrale, le baptistère et le fameux campanile de la ville de Pise, sont bâtis avec ce marbre.

3. *Marbre blanc di Pilli.*

Il est d'une assez bonne qualité, et ressemble beaucoup à celui de Carrare.

4. *Marbre blanchâtre de Biancone.*

Il est d'un blanc sale extrêmement clair. On l'exploite à Saint-Grégoire, à Mazurega et dans plusieurs autres endroits. On le travaille en Italie, et l'on en fait particulièrement des autels et des tombeaux.

5. *Marbre blanc,* veiné de gris à grain salin et assez grossier.

On le tire à une demi-lieue de Mergozzo.

---

veaux arrangemens l'ont circonscrite, c'est-à-dire bornée du côté de la France par les départemens de *Parme,* de *Génes,* de *Marengo,* de *la Sesia,* de *la Doire,* du *Léman,* et plus loin par *la Suisse.*

La cathédrale de Milan est bâtie avec ce marbre (1).

6. *Marbre noir du Bergamasque, ou départe-*
tement du Serio.

Sa couleur noire est pure et intense. Il reçoit
un poli parfait, et les Italiens le nomment
parangone.

Il s'en trouve une autre variété dans le même
canton à Gazzaniga, qui prend aussi un très-
beau poli.

7. *Marbre noir de Como, dans le Milanèz.*

Sa couleur foncée le fait rechercher pour les
inscriptions.

8. *Marbre noir de Vallerano.*

On exploite, près du lac de Come et à Val-
lerano, un marbre noir d'une belle qualité. La
cathédrale de Sienne est décorée de ce marbre.

9. *Marbre di Monte-Pulciano.*

Ce marbre, qui est d'un noir grisâtre, est
veiné de blanc.

---

(1) Saussure, Voyage dans les Alpes, parag. 1771.

ɪo. *Marbre noir et blanc du Bergamasque, département du Serio.*

Sa belle couleur noire et ses grandes veines blanches le font ressembler, jusqu'à un certain point, au marbre dit *grand antique*. Il prend un fort beau poli, et l'on assure qu'il s'en trouve de semblable aux environs de Porto-Ferrajo.

ɪɪ. *Marbre Polveroso di Pistoia.*

Il est noir, veiné de blanc, et comme pointillé, de sorte qu'il semble toujours couvert de poussière, et qu'on est tenté, à chaque instant, d'y passer la main pour le nettoyer. On en voit de très-belles plaques sur les murs de la fameuse chapelle de San-Lorenzo.

ɪ2. *Marbre blanc, tigré de noir, des environs du lac Majeur.*

C'est un des plus beaux marbres du canton, aussi sert-il à décorer presque toutes les églises du Milanèz (ɪ).

ɪ3. *Marbre vert di Firenze.*

Il est d'un vert très-clair, qui est dû à un

____

(ɪ) Ferber, Lettres sur l'Italie.

mélange de stéatite, et qui se rapproche du marbre dit vert de mer. On le tire de différens lieux du pays Florentin en Toscane.

14. *Marbre di Margorre.*

On trouve, dans plusieurs cantons du Milanèz, une espèce de marbre bleu, veiné de brun. Il est très-dur et assez commun. Une partie du dôme de la cathédrale de Milan est construite avec ce marbre.

15. *Marbre verde di Prato.*

On exploite, près de la petite ville de Prato, en Toscane, un marbre d'un vert très-vif, qui présente des taches d'une teinte plus foncée qui passent même au bleu le plus sombre.

16. *Marbre di Vescovo, (de l'Evêque.)*

Il est composé de veines verdâtres, traversées par d'autres lignes blanches allongées et transparentes. On le trouve dans plusieurs parties de l'Italie.

17. *Marbre de Bréme.*

Il est d'un fond jaune, mêlé de taches blanches.

18. *Marbre rouge de Lugezzano, dans le Véronois.*

Sa base est d'un rouge tendre, taché de blanc, tant soit peu jaunâtre. Il est propre à toutes sortes d'ouvrages. Ce marbre est connu en Italie sous le nom de mandelato. Il y en a encore un autre, qui porte également ce nom, et qui se trouve à Preosa. On en fait de belles colonnes.

19. *Marbre di Val-Camonica, dans l'ancien Bressan.*

Il est d'un noir grisâtre, pommelé de gris-blanc.

Il se polit fort aisément.

20. *Marbre rouge coquiller, de Santa-Maria del Giudice.*

Il est d'un rouge de brique, et il contient des cornes d'Ammon, changées en marbre blanc.

Il a servi à la décoration des églises de Luques, de Pise et de Florence (1).

---

(1) Ferber, lettres sur l'Italie, p. 427, à la note.

21. *Marbre bleu, avec des veines cendrées,
de Rossa.*

La carrière existe dans une montagne, située
à deux lieues de Sienne.

22. *Marbre blanc, panaché de veines et de
taches rouges et jaunes.*

Il se trouve dans différens cantons des états
de Venise.

23. *Marbre sanguin de Luni.*

Ce marbre est blanc et parsemé de petites taches et de petits points d'un rouge sanguin.

Il se trouve à Luni, sur les côtes de Toscane, localité qui a déjà été citée à l'article
des marbres blancs antiques.

24. *Marbre jaune de Sienne,* (dit brocatelle de Sienne.)

Ce beau marbre est d'un jaune d'œuf plus
ou moins foncé, et cette couleur est disposée
en grandes taches irrégulières, entourées de
veines d'un rouge vineux, qui passent quelquefois au pourpre. On tire ce marbre qui

pourroit à la rigueur être regardé comme une grande brèche, des carrières qui sont situées à deux lieues de Sienne.

Le piédestal de la Vénus de Médicis, au Musée Napoléon, est fait avec ce marbre qui, d'ailleurs, est un des plus estimés de ceux dont on se sert dans la décoration.

25. *Marbre de Montarenti.*

On trouve à Montarenti, situé à deux lieues de Sienne, un marbre jaune veiné de noir, qui passe quelquefois au pourpre. Il est très-employé dans toute l'Italie.

26. *Marbre de Poggio di Rossa, dans le Siennois.*

Il présente plusieurs variétés remarquables, On en trouve dont la couleur est sombre, disposée par plaques, et veinée de jaune et de noir.

On exploite aussi à Tonni, non loin de Sienne, un marbre bariolé de taches jaunes, violettes et blanches, ainsi qu'un autre encore dont le jaune n'est varié que par de légères veines blanches.

27. *Marbre de Florence*, (vulgairement marbre ruiniforme ou pierre de Florence.)

Ce marbre présente des figures anguleuses
d'un brun jaunâtre sur un fond d'une teinte
plus claire, et qui passe, en se dégradant, au
gris blanchâtre.

Vues à une certaine distance , les plaques
de cette pierre ressemblent à des dessins faits
au bistre. On se plaît à y voir des espèces de
ruines : là, c'est un château gothique à moitié
détruit; ici ce sont des murailles ruinées; plus
loin de vieux bastions; et ce qui prête encore
davantage à l'illusion, c'est que dans ces sortes
de peintures naturelles, il existe une espèce
de perspective aérienne qui y est observée d'une
manière très-sensible. Le bas, ou ce qui forme le
premier plan, est d'un ton chaud et vigoureux ;
le second lui succède et pâlit en s'éloignant; le
troisième s'affoiblit encore plus , en même temps
que la partie supérieure, d'accord avec la première, présente dans le lointain une zone
blanchâtre qui termine l'horizon , puis se
fond de plus en plus à mesure qu'elle s'élève,
et arrive enfin vers le haut, où elle forme
quelquefois des espèces de nuages.

Mais s'approche-t-on de plus près, tout s'efface aussitôt, et ces prétendues figures qui, de loin, paroissoient si bien dessinées, se changent en taches irrégulières qui ne disent plus rien à l'œil.

Ce jeu de la nature est dû à des infiltrations ferrugineuses qui se sont faites dans les fissures de ce marbre qui, d'ailleurs, est terne dans sa cassure, et qui est fortement argileux : aussi ne l'emploie-t-on point dans l'architecture; on en fait simplement des plaques que l'on encadre comme de petits tableaux et qui sont très-estimées dans le commerce, lorsqu'elles sont d'une certaine étendue. Il arrive souvent que l'on scie la même plaque en deux parties et qu'on les rapproche l'une de l'autre dans le même cadre, de sorte qu'elles ont l'air de n'en faire qu'une, et que les dessins de droite et de gauche ont une ressemblance qui prête encore davantage à l'illusion. Il y a des personnes qui, pour enchérir sur la nature, placent au bas de ces tableaux des figures peintes; mais c'est une surabondance de merveilles qui finit par tout gâter.

On trouve ce singulier marbre aux environs de Florence, et il est transporté en plaques dans différens pays où il est également estimé.

28. *Marbre occhio di pavone*, (œil de paon.)

Ce marbre est composé de taches orbiculaires, blanchâtres, bleuâtres et rouges, qui sont dues à des coquilles coupées transversalement; et comme leur assemblage ressemble grossièrement aux yeux qui sont sur la queue du paon, on lui a donné le nom d'*occhio di pavone*.

29. *Marbre rouge de Vérone.*

Ce beau marbre est d'un rouge vif qui tire un peu sur le jaune, en sorte qu'on pourroit dire avec assez de vérité, qu'il est d'un rouge d'hyacinthe ; il y en a deux variétés :

L'une qui est d'un rouge éclatant et qui contient quelques cornes d'Ammon.

L'autre qui est d'un rouge sale et peu agréable.

La première espèce est très-estimée et a été employée dans plusieurs monumens publics, où elle fait le plus bel effet. Le beau tombeau de Pétrarque, qui est à Arquoi dans les monts Euganéens, où ce grand poète mourut, et que M. Faujas vient de faire graver avec beaucoup de soin, est fait avec ce marbre de Vérone, de la belle qualité.

Le second, c'est-à-dire celui qui est d'un rouge sale, a été employé par les Romains dans plusieurs de leurs édifices : tel est, par exemple, l'immense amphithéâtre de Vérone, qui a trois rangs d'arcades l'une sur l'autre, et qui en est entièrement construit.

Le beau marbre de Vérone est assez rare à Paris, aussi y est-il très-recherché pour les meubles précieux.

Les carrières existent non loin de la ville dont il porte le nom.

On trouve encore à six lieues de Vérone un marbre que j'appellerai *marbre osseux*, parce qu'il est composé d'une pâte rougeâtre, mêlée d'une nuance verdâtre et qu'il présente de grandes taches blanches qui sont dues à des os, et qui en conservent encore la figure. On en fait de très-belles colonnes.

(Communiqué par M. Faujas.)

30. *Marbre brèche violet,* (dit brèche d'Italie.)

On trouve, dans plusieurs cantons de l'Italie, un marbre brèche dont le fond est d'un brun rougeâtre et qui présente des veines blanches. Ce marbre est fort beau, mais il demande beaucoup de soins, car les corps gras le tachent très-facilement.

31. *Marbre brèche de Brentonico.*

On exploite au village de Brentonico, dans l'arrondissement de Vérone, un marbre brèche à grandes taches jaunes, gris de fer et roses. C'est une brèche très-haute en couleur et qui est susceptible de fournir de très-beaux placages : aussi est-elle employée avec beaucoup de succès.

32. *Marbre brèche du Bergamasque.*

Cette brèche est composée de fragmens noirs et gris, réunis par une matière verdâtre. On la tire des environs de la vallée de Seriana, dans le royaume d'Italie.

33. *Marbre de Saint-Vital.*

Il est roux, taché de blanc, et il se trouve à Saint-Vital dans le Véronois.

34. *Marbre lumachelle.*

Il est d'un jaune très-pâle et contient des

coquilles d'une moyenne grandeur changées en matière blanche et transparente. On la travaille quelquefois à Paris, car j'en ai vu plusieurs vases dans les magasins de MM. Thomir et Dutherme.

35. *Marbre madréporique.*

On emploie beaucoup en Italie un marbre qui est uniquement composé de madrépores étoilés, changés en matière grise ou blanche, et qui reçoit un poli très-brillant. Il est connu dans le pays sous le nom de *pietra stellaria* (pierre d'étoile.)

Le nord de l'Italie est, de toute l'Europe, la contrée la plus riche en marbres (1). Outre qu'ils y sont répandus avec une sorte de profusion, ils sont encore remarquables et par la finesse de leur pâte, et par la vivacité de leurs couleurs. L'Italie est aussi le pays où l'on connoît mieux les marbres et où on les travaille avec plus de perfection. Car un vase fait à Rome, est tout différent d'un vase fait à Paris : le premier plaît à l'œil par son

____

(1) On compte seulement aux environs de Vérone, à-peu-près trente carrières de marbre.

parfait à-plomb, par sa forme antique et élé-
gante, par la position de ses anses, et surtout par
ses justes proportions; proportions dont il ne
faut jamais s'écarter, car ce sont elles qui font
tout le charme des monumens grecs et romains;
ce sont elles qui nous font admirer, par exemple, les vases dits étrusques, etc. En un mot,
sans le sévère accord de toutes les parties d'un
monument, il devient grêle, lourd ou incohé-
rent, et il tombe infailliblement dans les formes barbares dignes des siècles d'ignorance.
Tels sont les défauts que l'on peut reprocher
aux marbriers de France : et cela tient à un
esprit d'innovation qui n'est pas toujours heu-
reux; et, soit dit en passant, n'y a-t-il pas
plus de mérite à bien copier un bel édifice
qu'à en créer un mauvais ? Il faut donc se
persuader que le nombre des belles formes est
limité, et que quiconque s'en écarte, passe
aussitôt dans la route du mauvais style. Appli-
quons - nous à imiter ce qui est réellement
beau dans les arts d'imitation : c'est le seul
moyen d'épurer et de perfectionner notre goût.

§ IV.

MARBRES DE SICILE.

1. *Marbre rubanné*, (vulgairement appelé Sicile ou Sicile antique.)

Ce marbre est d'un rouge plus ou moins vif, traversé longitudinalement par de grandes veines rubannées, blanches, roses et même verdâtres, qui semblent quelquefois se reployer sur elles-mêmes et former des angles assez aigus. Il est fort aisé de reconnoître le marbre de Sicile, à cause de ses grandes bandes rubannées qui ne se rencontrent dans aucun autre marbre. Il est très-employé dans les placages, mais il est d'un très-haut prix.

2. *Marbre blanc laiteux* (1).

Il se trouve à Bisachino en Sicile, et il prend un très-beau poli.

3. *Marbre blanc vif de Castello-à-mare.*

On en trouve aussi dans le même lieu de blanc sale.

____

(1) **Extrait de la Minéralogie sicilienne**, p. 100 et suivantes.

4. Marbre noir de Santa-Maria del Bosco.

Il n'est pas d'une fort belle qualité, car sa couleur noire tire très-souvent sur le grisâtre, ce qui est un grand défaut pour ces sortes de marbres.

5. *Marbre de Bisachino.*

Il est d'un vert-pomme uni et il prend un assez beau poli.

Il en existe un autre dans la plaine des Grecs, qui est d'une couleur plus foncée.

6. *Marbre de Trapani.*

Il est rouge, mêlé de taches plus foncées, et il prend, comme presque tous les marbres de Sicile, un fort beau poli. On trouve aussi à Trapani un marbre rouge taché de vert.

7. Marbre gris avec des taches blanches,
(dit bigio bianco.)

Se trouve à Trapani. Un autre taché de gris, de jaune et de rouge, enfin un troisième également gris, taché de jaune et de blanc, se trouvent aussi à Trapani.

8. *Marbre jaune et rouge de Trapani*, (dit pidichiasa.)

Il est formé par la réunion de petits grains rouges et jaunes.

9. *Marbre de Castro-nuovo.*

Il est jaune, taché de rouge.

10. *Marbre de Taormina.*

On trouve plusieurs marbres dans cette localité : il y en a de rouges tachés de noir, de rouges veinés de blanc ou tachés de rouge plus foncé que le reste de sa pâte.

11. *Marbre jaune taché de blanc et de noir.*

Il vient du même lieu.

12. *Marbre verdâtre mêlé de taches brunes et d'un ton clair.*

Ce singulier marbre vient de Taormina.

13. *Marbre de Bisachino.*

Il est blanchâtre et présente des taches jaunes d'une moyenne grandeur.

14. *Marbre de Santa-Maria del Bosco.*

Il est d'un noir très-foncé et présente à sa surface des veines jaunes qui le font ressembler à l'espèce qui est connue sous le nom de portor.

15. *Marbre couleur de lilas , avec des espèces de reflets.*

On le trouve à Taormina.

16. *Marbre de Termini.*

On trouve à *Termini* et au fleuve de *San-Carlo* unmbr are verdâtre veiné de blanc et pointillé de rouge.

17. *Marbre ondé de vert clair et jaunâtre, et de vert plus foncé.*

On le trouve au fleuve de San-Calorego et aux environs de Sciacca. On exploite aussi, dans le même canton , un marbre analogue à celui que nous appelons bleu-turquin (bardille de Gênes.)

18. *Marbre du fleuve Niso.*

Il est rouge , avec des taches couleur de calcédoine, c'est-à-dire blanche et demi transparente. On le trouve dans le fleuve Niso ; mais il est probable que les masses n'en sont pas éloignées.

19. *Marbre brèche du territoire de Gallo.*

Il est d'un gris clair et présente de jolies taches roses et nuancées.

20. *Marbre brèche de Gallo.*

Il est gris, veiné de jaune, et offre à sa surface des taches blanches et translucides. On l'exploite à Gallo.

21. *Marbre brèche de Monte Alcamo.*

Il est d'un gris clair et présente des taches rondes et couleur de rose (1).

22. *Marbre brèche de Taormina.*

Sa pâte est d'un rouge foncé et présente à sa surface des taches jaunes et d'un blanc sale.

Quant aux deux pierres que l'on connoît en Sicile, l'une sous le nom de stellaria, et

---

(1) Ferber, Lettres sur l'Italie, p. 469.

l'autre sous celui de lunaria. La première est un marbre madréporique semblable à celui d'Italie; la deuxième paroît être une simple lumachelle.

La Sicile est riche en beaux marbres : nous n'avons fait mention que des plus importans, choisis parmi ceux que l'auteur de la Minéralogie sicilienne a décrits, et qui montent à plus de cent variétés.

§ V.

MARBRES DE SARDAIGNE.

Pinkerton, dans sa Géographie nouvelle et universelle, dit qu'on trouve à Valdieri en Sardaigne, un marbre blanc et un marbre grisàtre veiné par couches assez foncées; mais du reste on n'en cite point d'autre. Cependant il est probable qu'il en existe dans bien d'autres cantons de la même île, qui seront connus par la suite.

§ VI.

MARBRES D'ESPAGNE.

1. *Marbre blanc de Cordoue.*

Il est d'un blanc de lait; son grain est fin

et il est très-propre à la sculpture; il reçoit un beau poli. On l'exploite aux environs de Cordoue en Andalousie.

2. *Marbre blanc de Filabre.*

Il existe, à côté de Filabre, une montagne d'environ une lieue de circuit et de 2000 pieds d'élévation, qui est entièrement composée de marbre blanc de la plus grande pureté, et susceptible de recevoir un beau poli. Cette masse énorme de marbre est à trois lieues d'Almeria en Grenade (1).

3. *Marbre blanc de Molina.*

Les rochers qui entourent la ville de Molina dans la Nouvelle Castille, sont composés d'un marbre blanc que l'on a souvent employé dans les édifices et particulièrement au palais d'Alhambra à Grenade, dans lequel on voit des salles de bain dont le plancher, le plafond et les murailles sont revêtus de ce marbre (2).

---

(1) G. Bawles, Introduct. à l'Hist. nat. de l'Espagne, p. 149.

(2) Idem.

4. *Marbre blanc de Grenade.*

Il est d'un blanc légèrement roux. Son grain présente de petites écailles salines assez semblables, quoique moins grandes, à celles que l'on remarque dans la cassure du marbre de Paros. On l'exploite dans les environs de Grenade.

5. *Marbre blanc de Badajoz.*

Il est également d'un blanc un peu roussâtre; mais son grain est plus fin et plus serré que celui du précédent.

On l'exploite aux environs de Badajoz en Estramadure.

6. *Marbre blanc tigré de la Manche.*

On trouve à la Manche, dans la Nouvelle Castille, un marbre blanc chiné de taches grises; il reçoit un beau poli.

7. *Marbre gris de Tolède.*

On trouve aux environs de Tolède un marbre grisâtre qui prend un assez beau poli.

8. *Marbre gris d'Elvire.*

On trouve à Elvire en Grenade, un marbre gris veiné et taché de blanc.

9. *Marbre noir de Moron.*

Il est d'un noir assez foncé; mais il est tiqueté de points gris qui nuisent à l'éclat de son poli.

10. *Marbre noir de la Manche dans la Nouvelle Castille.*

Il est susceptible de recevoir un beau poli, et sa couleur est assez intense. On trouve un autre marbre noir près de la chartreuse de Paular, non loin de Ségovie.

11. *Marbre noir veiné de blanc.*

Il s'en trouve dans plusieurs cantons de l'Espagne, mais particulièrement dans la Biscaye (ou Viscaya.)

12. *Marbre noir veiné de jaune,* (vulgairement portor d'Espagne.)

Il est d'un noir grisâtre et sale, et ses veines sont d'un rouge d'ocre peu agréable : aussi faut-il bien le distinguer du portor de Saint-Maximin, département du Var, qui est infiniment plus beau et plus estimé. Il se tire de Biscaye.

13. *Marbre violet de Tortose.*

On tire des environs de Tortose en Catalogne, un beau marbre violet, taché et comme moucheté de jaune éclatant. Il reçoit un fort beau poli.

14. *Marbre rouge de Séville.*

Ce beau marbre est d'un rouge sombre et présente des taches et des veines d'un blanc éclatant et d'un rouge extrêmement vif, qui rappellent, jusqu'à un certain point, la teinte du marbre griotte.

15. *Marbre d'un violet foncé, des environs de Valence.*

La couleur dominante de ce marbre est le violet vineux, et il présente à sa surface des espèces de figures anguleuses d'un jaune aurore. Il ne reçoit pas un poli très-vif.

16. *Marbre couleur de chair, veiné de blanc, de la villa major de Santiago.*

Il en existe aussi une montagne entière près Antequerre.

17. *Marbre roux de Cortegana.*

Il est d'une teinte fauve qui est légèrement sablée de gris. Il prend un assez beau poli. On le tire des environs de Cortegana en Andalousie.

18. *Marbre roussâtre de Meguera.*

On trouve à trois lieues de Valence, dans un lieu nommé Neguera, un marbre d'un roux obscur, orné de veines capillaires noires. On en fait des tables qui sont fort estimées en Espagne, et qui sont d'ailleurs d'un poli parfait (1).

19. *Marbre de Morviédro.*

On exploite dans une montagne voisine de Morviédro, un marbre noir veiné de blanc, et ce même marbre reparoît au sommet de la montagne, où il est changé en une véritable brèche jaune, bleue et rousse. On s'aperçoit que c'est le même marbre, en observant les passages graduels qui conduisent à ces diverses variétés.

20. *Marbre rouge de Molina.*

Il existe à une lieue de Molina une colline

____

(1) G. Bawles.

entière de marbre rouge, jaune et blanc, dont la cassure est grenue et brillante comme celle du sucre (1), et qui par conséquent reçoit un beau poli.

21. *Marbre de Guipuscoa.*

La montagne de Guipuscoa fournit un marbre rouge veiné de gris, qui est parfaitement semblable à celui que l'on exploite à Serancolin; et d'après la position respective de Guipuscoa et de Serancolin, il est possible, dit M. Patrin, que ce soit la même couche de marbre qui pénètre dans toute l'épaisseur de cette partie des Pyrénées.

22. *Marbre vert de Grenade.*

On trouve près de Grenade un beau marbre vert qui ressemble beaucoup au *vert antique* des marbriers (2).

23. *Marbre brocatelle.* (vulgairement brocatelle, ou brocatelle d'Espagne.)

Ce marbre étant presqu'entièrement com-

---

(1) G. Bawles.

(2) Pinkerton, Géogr.

posé de détrimens coquillers, doit presqu'être considéré comme une vraie lumachelle.

Sa couleur générale est le rouge vineux, et elle est accompagnée et comme jaspée d'une infinité de petites taches et de petits points d'un jaune isabelle, d'un gris jaunâtre et d'un blanc cristallin; et en examinant ce marbre avec attention, on remarque que tous les fragmens de coquilles apparens, forment exclusivement les taches grisâtres, et qu'on peut par-là les distinguer d'avec les taches jaunes et les taches violettes, qui sont très-irrégulières et qui ne sont point dues à des portions de corps organisés.

Ce beau marbre qui a été nommé de tous temps brocatelle (1), et qui se tire d'une carrière antique de Tortose en Catalogne, est très-employé en Espagne, en France et même en Italie, particulièrement à Rome; partout il est extrêmement recherché.

Les gaines des bustes qui sont dans la salle des Muses du musée Napoléon, sous les numéros 192, 194, 197, 198, 199, 201, 206

---

(2) On a nommé *brocatelles*, tous les marbres qui ressemblent plus ou moins à ces anciennes étoffes brochées d'or, d'argent et de soie, qui sont connues sous le nom de brocarts.

et 207, sont faites avec ce marbre. On en voit aussi quatre tables dans la galerie des peintres anciens du même musée.

24. *Marbre coquiller de Grenade.*

Ce marbre est d'un rouge très-foncé et renferme des coquilles d'un blanc sale; on en trouve un semblable dans les environs de Cordoue.

25. *Marbre coquiller de Biscaye.*

Le fond de ce marbre est d'un noir foncé, et il renferme des coquilles d'un blanc éclatant. Il en existe plusieurs carrières en Biscaye. Il prend un assez beau poli.

26. *Marbre brèche de Riela.*

On trouve à Riela en Arragon un très-beau marbre brèche dont le fond est d'un jaune rougeâtre, et qui renferme des fragmens anguleux de marbre noir qui tranchent vivement sur le fond et qui ont jusqu'à trois et quatre pouces de diamètre.

27. *Marbre brèche de Castille-Vieille.*

Le fond de cette brèche est d'un rouge clair pointillé de jaune et de noir, et il renferme une multitude de fragmens d'une moyenne grandeur, d'un jaune pâle, d'un rouge de brique, d'un brun foncé ou d'un gris noirâtre; mais les jaunes sont les plus nombreux. En général, les taches de cette brèche sont arrondies, ce qui la rapproche des pouddingues. Lorsqu'on examine attentivement le fond de ce marbre, on s'aperçoit bientôt, même à l'œil nu, qu'il est entièrement composé de très-petits grains jaunes, rouges et noirs, semblables, par leur nature, aux taches variées qui ornent sa surface.

A Paris, cette brèche est employée dans une multitude d'ouvrages d'art, tels qu'à des chambranles de cheminées, des dessus de commodes, des tables, de petits piédestaux dans lesquels on adapte des pendules, etc.

28. *Marbre pouddingue.*

Ce marbre est composé d'une infinité de petits galets arrondis, rouges, jaunes, noirs ou gris, réunis par un ciment d'un rouge sombre.

ll est riche en couleur, et il ressemble beaucoup à la brèche arlequine des Italiens, on le connoît en Espagne sous la dénomination de *piedra almandrada de las Canteras en Expazon.*

29. *Marbre brèche violet de Castille-Vieille.*

Sa pâte est d'un violet foncé et elle est variée de taches d'un jaune d'orange. Sa couleur vive et le poli brillant qu'elle est susceptible de recevoir, font qu'elle est très-recherchée dans le pays; néanmoins elle n'est pas employée à Paris, car on n'en voit que des plaques détachées dans les collections de marbres d'Espagne.

30. *Marbre brèche de Valence.*

Les environs de Valence, la Biscaye, l'Arragon, la Grenade, l'Andalousie, les environs de Cabra, de Salzeda, de Santiago, etc., fournissent une multitude de marbres brèches jaunes, pâles en couleur, et généralement d'une qualité médiocre, mais qui, malgré cela, peuvent, à la rigueur, être employés dans l'ameublement.

L'Espagne le dispute à l'Italie par l'abondance et par la beauté de ses marbres. Les environs de Valence, de Cadix, de Burgos, de Grenade, de Molina, de Carthagène, en offrent un grand nombre de variétés; une montagne, entièrement composée de beaux marbres, existe à trois lieues de San Felipe; le Tage coule pendant un certain temps entre deux collines de marbre qui lui servent de bassin, et les monts Carpentins n'en sont point dépourvus : aussi les monumens antiques et du moyen âge de l'Espagne, ainsi que ses édifices modernes, sont-ils décorés en grand des marbres de son propre sol. La voûte du beau théâtre romain de Tolède, est soutenue par trois cent-cinquante colonnes de marbre; la mosquée de Cordoue, qui fut bâtie par le calife Abdoulrahman III, est ornée de douze cents colonnes, dont la plupart sont en marbres d'Espagne; on trouve encore dans les ruines de l'ancienne Merida, Augusta Emerita, qui fut bâtie par Auguste, 28 ans avant J. C., des fragmens de marbres du plus grand prix; enfin l'église de l'Escurial, ainsi que le château lui-même, sont enrichis des plus beaux placages de marbre, et l'on peut en dire autant des principales églises de Madrid.

§ VII.

MARBRES DE PORTUGAL.

Une partie du sol du Portugal ayant été ravagée par les feux volcaniques, tels que les environs de Lisbonne, ce pays est pauvre en marbres; néanmoins, l'on en cite plusieurs, tel que celui que l'on trouve à Villa-viciosa dans l'Alentejo, qui est moucheté de gris et qui, selon Bawles, ressemble au marbre du mont Atlas en Afrique. On cite encore le marbre de Troncao, qui est d'un jaune pâle avec des veines grisâtres, et qui contient aussi des restes de corps marins.

La chaîne de montagnes d'Arrabeda dans l'Estramadure, fournit aussi quelques marbres assez estimés. L'église d'Alafra est bâtie en marbre de Cintra, qui est un village situé sur une montagne à 7 lieues de Lisbonne.

§ VIII.

MARBRES D'ANGLETERRE.

La province de Dorset-Shire est la seule contrée de toute l'Angleterre qui fournisse quelques marbres susceptibles d'être employés avec succès. On y en trouve de blancs veinés, de noirs unis, de gris, etc.

On exploite aussi à l'île de Porbec un marbre lumachelle dont les coquilles forment des cercles gris, bleus et blancs. Quant aux marbres que l'on emploie en Angleterre, ils se tirent d'Ecosse, où l'on en trouve d'assez beaux.

§ IX.

MARBRES D'ÉCOSSE.

1. *Marbre blanc statuaire d'Assynt en Ecosse.*

Il est d'une assez belle qualité et susceptible de recevoir un très-beau poli.

2. *Marbre rouge et blanc de Boyn.*

On trouve à Boyn, à 50 lieues d'Edimbourg en Ecosse, un marbre rouge et blanc assez agréable.

3. *Marbre vert d'Ecosse.*

Les marbres verts d'Ecosse sont des mélanges de la matière propre du marbre d'une quantité assez considérable de serpentine.

On travaille même à Paris une vraie serpentine d'un vert très-foncé, qui passe sous le nom de *marbre d'Ecosse*. On en voit plusieurs ˅ socles au Musée Napoléon.

4. *Marbre jaune-pâle, avec des dendrites noires.*

Il est plein de crevasses, de sorte qu'on ne peut en tirer que de très-petites plaques.

5. *Marbre rose de l'île de Tyre-y.*

Il existe dans l'île de Tyre--y, l'une des Hébrides, un marbre rose, parsemé de petites taches d'un vert noirâtre, qui sont dues à une substance particulière que les minéralogistes françois nomment *amphibole*, et les allemands *hornblende*. Ce beau marbre, qui a été apporté pour la première fois de l'île de Tyre-y, par M. Faujas, présente dans sa cassure des surfaces lisses semblables à celle de la cire.

Lorsque ses taches noirâtres se rapprochent trop l'une de l'autre, ce marbre prend un aspect semblable à celui d'un granit à petits grains : tel est l'échantillon que l on peut voir dans l'une des armoires du Muséum d'histoire naturelle.

Le marbre de l'île de Tyre-y joint à l'avantage de la couleur, celui de recevoir un beau poli :

aussi est-il employé en Ecosse et en Angleterre. M. Faujas en a vu plusieurs cheminées chez M. le duc d'Argile, à Inverary.

§ X.

MARBRES D'IRLANDE.

On trouve, près de Kilkenny en Irlande, un marbre bleuâtre tirant sur le noir. On rencontre dans la même île quelques marbres rougeâtres, panachés de blanc, ainsi que quelques marbres noirs veinés de blancs; et voilà à-peu-près où se bornent les marbres d'Irlande; de sorte que l'on peut dire qu'en général les îles britanniques sont pauvres en marbres.

§ XI.

MARBRES DE RUSSIE ET DE SIBÉRIE.

M. Patrin, minéralogiste très-instruit, qui a parcouru, pendant huit années consécutives, l'Asie boréale, depuis la Russie d'Europe jusqu'au fleuve Amour, nous a donné, sur l'histoire des marbres de ces contrées, les détails suivans : « Les monts Ourals fournissent les « marbres les plus beaux et les plus variés. La « plupart se tirent des environs d'Ekaterin-

« bourg où ils sont travaillés et de là transpor-
« tés en Russie, et surtout à Pétersbourg. La
« feue impératrice y a fait bâtir pour Orlof,
« son favori, un vaste palais qui est entière-
« ment revêtu de ces beaux marbres en dehors
« et en dedans. Il est situé sur les bords de la
« Newa et fait un des ornemens de cette ca-
« pitale : les marbres qui le revêtent, sont
« disposés en compartimens. Catherine fit aussi
« construire, avec ces mêmes marbres, l'église
« d'Isaac, qui est décorée de colonnes en mar-
« bre blanc veiné de gris bleuâtre.

« Je n'ai point vu de marbre blanc statuaire
« dans les monts Ourals (continue M. Patrin) ;
« mais dans la partie des monts Altaï, qui est
« traversée par l'*Irtiche*, j'ai vu dans deux
« endroits, d'énormes rochers de marbre par-
« faitement blanc et pur, dont on pourroit ti-
« rer de grands blocs ; mais on se contente d'en
« faire de la chaux pour le service d'une for-
« teresse voisine. »

§ XII.

MARBRES DE SUÈDE ET DE NORWÈGE.

Pour les marbres de cette partie du nord de
l'Europe, nous laisserons parler M. Neergaard ;

minéralogiste danois, très-distingué, qui a bien voulu nous communiquer les détails que nous allons transcrire ici dans ses propres termes.

« Je ne connois en Suède et en Norwège, c'est M. Neargeard qui parle, que deux carrières de marbre en exploitation.

« La carrière de marbre de *Fagernich* en Suède, est située entre les deux petites villes de Norkiöping et de Nykiöping, et environ à une trentaine de lieues de *Stockholm*. Elle appartient présentement à M. Eberstein, de Norkiöping, et au baron d'Unger, qui ne l'ont achetée du comte Gyllenberg, que 200,000 fr., à cause de son mauvais état. Ce marbre qui est blanc, veiné de talc vert, et dont la cassure est brillante, a commencé d'être exploité il y a environ cent cinquante ans, sous le règne de la reine Christine. L'étendue où il se trouve, a environ 2,000 toises de longueur; mais sa largeur est peu considérable. On en fait des pierres pour recouvrir les tombeaux, des plaques de tables, des boîtes à beurre, des salières et des mortiers; et le débit de ces divers objets monte, par an, à environ 20,000 francs. Il y en a des dépôts à Stockholm, à Gothenbourg, à Carlskrone et à Abo. La manufacture occupe environ vingt ouvriers

qui reçoivent chacun 2 liv. 10 sous par jour,
et la position en est belle et heureuse pour
l'exploitation, puisqu'elle est près de la mer
Baltique. »

« La carrière de marbre de Gillebeck en
Norwège, est éloignée de Christiania de 7 lieues ;
mais comme le marbre qu'elle fournit, est
souillé d'une grande quantité de pyrites, elles
finissent par le décomposer au bout de quelques années. La grande église de Frédéric à
Copenhague, qui n'est pas finie, est construite
avec ce marbre. J'en ai vu souvent de jolies
plaques, parce qu'il renferme des grenats et
une substance verte qu'on appelle actimote. »

§ XIII.

MARBRES D'ALLEMAGNE.

1. *Marbre blanc de Ratisbonne.*

Il est d'une assez belle qualité ; l'on en fait
de grandes tables.

2. *Marbre blanc de Hildesheim.*

Sa couleur approche du blanc d'ivoire ; il
s'en trouve dans le même lieu, qui est d'un
gris cendré.

3. *Marbre blanc de Wolfenbutel.*

On trouve à Wolfenbutel, dans le duché de Brunswick, un marbre blanc grisâtre.

4. *Marbre noir d'Osnabruck en West-phalie.*

On assure qu'il est très-beau, et qu'on en trouve de semblable dans la principauté de Bareuth.

5. *Marbre d'Ostergyllen.*

Il est taché de blanc, de jaune et de gris foncé.

6. *Marbre châtain et couleur de foie orné de veines plus foncées encore.*

On le tire d'une carrière située sur la route de Leipsick à Bareuth. Il existe d'autres marbres rembrunis, à Waldenburg et à Stelzburg.

7. *Marbre de Goslard.*

Il est d'un gris cendré, orné de ramifications noirâtres.

Un autre, également gris, se trouve à Querfurt en Saxe.

Enfin, un troisième, veiné de linéamens fauves, se tire de Diegeigen.

8. *Marbre vert veiné de jaune,* (connu dans le pays sous le nom de serpentin.)

Il existe, dans les vallons du pays de Salz-bourg, des carrières considérables de ce mar-bre, qu'il est aisé d'exploiter avec un certain avantage. On a même déjà commencé à en tourner des pièces en vases et en colonnes; et ces premiers essais ont donné les plus grandes espérances pour la suite.

9. *Marbre vert du Trentin* (1).

Il est d'un vert mêlé de blanc sale; mais il contient quelques pyrites qui le rendent très-difficile à travailler. On l'exploite dans la vallée d'*Arn* et dans la *Posheria.*

10. *Marbre vert de Bressanone dans le Trentin.*

Ce marbre doit sa couleur foncée à un mé-lange de serpentine, et il est varié de taches

____

(1) D'après le traité de paix de Preshourg, le Tren-tin a été cédé au roi de Bavière.

jaunes mêlées d'un blanc talqueux et brillant. Il s'en trouve de semblable à Rochlitz en Misnie.

11. *Marbre rouge de Ratisbonne.*

Il est d'un rouge foncé, et on le travaille en tables assez étendues.

Le marbre de Bohême est aussi d'un rouge très-prononcé. Il s'en trouve un pareil dans les environs de la ville de Trente.

12. *Marbre de Hesse.*

Le marbre de Hesse est d'un jaune de paille assez agréable, et sa surface est ornée de jolies dendrites noires; il prend un beau poli et l'on en fait des plaques carrées que l'on encadre à la manière d'un petit tableau, comme nous l'avons vu pour le marbre de Florence. Il est, comme lui, souillé d'une grande quantité d'argile.

13. *Marbre brèche du Trentin.*

Ce marbre, qui est connu sous le nom de brèche de Vérone, et que l'on confond avec elle, se trouve dans les hautes montagnes de Vallarsa dans le Trentin, et présente un grand nombre de taches, telles que de bleues, de rouges pâles, de cramoisies, etc. Sa base est un ciment rouge, et elle reçoit un très beau poli.

On tire aussi du même pays une brèche que l'on appelle *marmo di Vallarsa*, du nom de la vallée où l'on trouve ce marbre. Ses taches sont très-variées de couleurs, mais sa pâte est rouge comme celle de la précédente.

15. *Marbre lumachelle de Carinthie*, (vulgairement lumachelle opaline, dichter kalkstein des Allemands.)

Le fond de cette belle lumachelle est d'un gris sombre; il renferme des fragmens de coquilles d'un blanc laiteux ou d'un blanc grisâtre. Ce sont de ces derniers que partent des reflets de la plus grande beauté : les plus communs sont rouge de feu; les plus rares sont verts; il se mêle souvent aux premiers une teinte orangée.

Ces couleurs, semblables aux reflets de l'opale, paroissent et disparoissent suivant les différentes inclinaisons sous lesquelles on les voit; aussi ont-elles valu à ce marbre le nom de lumachelle opaline.

Cette lumachelle, l'unique en son genre, se trouve dans la mine de plomb de Bleiberg en Carinthie; mais le filon en est totalement épuisé, de sorte qu'on n'en trouve plus que de très-petites plaques chez les bijoutiers, et que les différens bijoux où elle est employée, sont extrêmement recherchés, et qu'ils deviennent de plus en plus estimés.

§ XIV.

MARBRES DE SUISSE.

Les marbres de Suisse, en général, se ressemblent, car ils sont presque tous d'une couleur violette tachée et veinée de blanc; il y en a cependant de gris qui ont quelques rapports avec le bleu-turquin, ainsi que plusieurs brèches, dont la principale est d'un brun de chocolat, avec des taches blanches roses ou grises. Ces différens marbres sont assez distingués et reçoivent, en général, un très beau poli.

DES ALBATRES.

Il y a deux espèces d'albâtres qui doivent être absolument séparées l'une de l'autre : l'albâtre calcaire et l'albâtre gypseux.

Le premier, l'albâtre calcaire, fait effervescence avec l'acide nitrique ; il est assez dur pour entamer le marbre blanc, tandis que l'albâtre gypseux ne fait aucune effervescence et peut toujours se laisser rayer par l'ongle ; de plus, l'albâtre calcaire présente toujours à sa surface des espèces d'ondulations d'un jaune de miel plus ou moins foncé, tirant même sur le sombre, au lieu que l'albâtre gypseux est constamment d'un blanc de lait.

Enfin la cassure de l'albâtre calcaire est cristalline et striée, tandis que celle de l'albâtre gypseux est grenue et souvent terne.

PREMIÈRE ESPÈCE.

ALBATRE CALCAIRE.

(Marbre onix des anciens, et albâtre oriental des marbriers.)

Avant de décrire les différentes variétés de l'albâtre calcaire que l'on emploie dans les arts, nous croyons qu'il est nécessaire de donner quelques idées succinctes sur le gisement et la formation de cette matière, afin de nous mettre plus à portée de la distinguer des marbres avec lesquels on pourroit la confondre à plusieurs égards.

L'albâtre calcaire tend à remplir les cavernes ou les excavations qui se rencontrent si fréquemment dans les terrains de nature calcaire; il y est transporté par les eaux qui s'infiltrent dans le sein de la terre, en partant de la surface du sol, et qui traversent tour-à-tour les couches calcaires et ferrugineuses, et se chargent, par ce moyen, de tout ce qu'elles peuvent dissoudre depuis leur départ de la surface de la terre, jusqu'au moment où elles arrivent au plafond des cavernes. Arrivées à ce point, elles s'y arrêtent jusqu'à ce que de nouvelles eaux viennent les forcer à tomber sur le sol de la caverne; mais comme ce liquide étoit plus ou moins saturé de la matière de l'albâtre, et que l'air qui circule dans ces entre-souterrains a dû nécessairement en diminuer la masse par l'évaporation pendant tout le temps qu'il a été suspendu à la voûte, il en résulte qu'il a commencé à y déposer un atome de véritable albâtre; et comme l'eau est forcée de tomber

avant que d'abandonner tout ce qu'elle tient
en dissolution, elle finit d'y déposer le reste
des molécules pierreuses qu'elle tenoit en dissolution : par ce moyen, et au bout d'un certain temps, il se forme à la voûte une grande
concrétion qui croît de haut en bas, et qui
porte le nom de stalactite, en même temps
qu'il s'en forme une autre sur le sol, qui s'é-
lève de bas en haut et qui s'appelle stalagmite;
mais bientôt elles se rencontrent, se réunissent,
se collent bout à bout, croissent et augmentent
de concert, et se changent en piliers énormes
qui semblent destinés à soutenir la voûte. Mais
comme il suinte également sur toutes les parois
de l'intérieur de la caverne, de l'eau saturée
des mêmes molécules, et qu'elle passe sur toutes les inégalités qui existent sur ces murs, il
en résulte que les dépôts d'albâtres qui s'y forment, se replient sur eux-mêmes en contours
et en plis ondoyans qui les font ressembler à
d'immenses draperies largement retroussées en
festons élégans.

Alors ces grottes prennent un aspect aussi
beau qu'imposant. Le naturaliste y admire et
y suit en silence les travaux souterrains de la
nature inerte, tandis que celui qui y pénètre
pour satisfaire sa simple curiosité, se livre à
toutes sortes d'illusions qui sont encore aug-

mentées par la situation et l'obscurité des lieux
et les récits fabuleux des gens qui lui servent de
guides. Pour lui tout s'anime et prend une res=
semblance parfaite avec des objets familiers. Il
voit, dans son enthousiasme, des animaux, des
meubles, des figures humaines, des fleuves pé-
trifiés et qui ont cessé de couler, etc. Mais à
mesure que ces concrétions grossissent dans
tous les sens, la décoration de ces grottes mer-
veilleuses change totalement d'aspect ; la voûte
s'abaisse, le sol s'élève, les défilés se rétrécis-
sent, les colonnes se joignent, les arcades se
bouchent, et bientôt cette caverne qui avoit été
visitée par les savans et les curieux, est à jamais fermée pour eux ; et si, après un nombre
d'années, on veut y pénétrer de nouveau, ce
ne sera qu'armé du fer destructeur et dans l'intention d'en extraire l'albâtre dont elle est de-
venue une carrière inépuisable.

On voit de ces grottes dans presque tous les
pays. Celle d'Antiparos dans l'Archipel, est la
plus célèbre en ce genre : elle a été visitée par
une multitude de savans, et particulièrement
par Tournefort, qui trouva qu'elle avoit trois
cents brasses depuis son entrée jusqu'à l'endroit
où il a pu pénétrer.

En France, les grottes d'*Arci*, département
de l'Yonne, sont aussi très-remarquables par

leur étendue : Buffon les a visitées deux fois, et ce savant illustre a observé qu'il s'y étoit opéré un changement sensible pendant le court espace de dix-neuf ans qui s'étoient écoulés depuis sa première visite jusqu'à la seconde, et il calcula que si l'augmentation suivoit toujours la même progression, deux siècles suffiroient pour combler ces cavernes et les changer en vraies carrières d'albâtre.

En Angleterre, la grotte de *Castleton*, vulgairement, *Devil's arse*, le *Cul-du-diable*, passe pour une des merveilles du Derbyshire. M. Faujas l'a visitée dans tous ses détails et nous en a donné une charmante description dans son Voyage en Angleterre, en Ecosse et aux Hébrides (1); et, d'après ses propres mesures, elle a, depuis son entrée jusqu'à sa profondeur la plus reculée, environ 2742 pieds.

En Espagne, on cite la grotte de Saint-Michel qui est dans le rocher et à l'ouest de Gibraltar.

Dans les Etats-Unis, la province de *Vermont* renferme une caverne curieuse par ses stalactites, ses salles et ses galeries profondes.

Dans la province de *New-Yorck*, on voit

____

(1) Faujas, Voyage en Angleterre, Paris, chez F. Schœl, etc., T. II, p. 361 et suiv.

une très-belle grotte de stalactites, et une infinité d'autres qu'il me seroit aisé de citer.

En résumant ce que nous venons d'exposer sur la formation et le gisement de l'albâtre calcaire, on peut en conclure :

1º. Que l'albâtre est le dernier produit terreux de la nature, puisqu'il se forme encore de nos jours et pour ainsi dire sous nos yeux;

2º. Qu'il résulte de l'infiltration d'une eau chargée de principes calcaires (1);

3º. Que les couleurs, les veines et les taches de l'albâtre sont dues aux différentes couches ferrugineuses que l'eau traverse avant d'arriver à la voûte de la cavité qui doit se remplir d'albâtre, et que c'est pour cette raison qu'il est extrêmement rare de trouver de l'albâtre calcaire d'un blanc parfait;

4º. Que la demi-transparence de l'albâtre est due à sa texture cristalline, parce que la lumière a un accès beaucoup plus facile dans l'épaisseur d'une pierre tellement composée, que dans celle d'un marbre, par exemple, dont l'intérieur présente une infinité de petites la-

---

(1) Tournefort, en admirant les merveilles d'Antiparos, crut y trouver la preuve de la végétation des pierres.

melles qui brisent les rayons lumineux sans
leur permettre de pénétrer. Ainsi l'on peut
dire que l'albâtre est au marbre blanc ce qu'est
le rafiné au sucre ordinaire.

I. ALBATRES UNIS.

1. *Albâtre calcaire d'Aracena en Andalousie.*

Cet albâtre est d'un blanc nébuleux, mais
il est presque limpide, tant sa pâte est pure
et fine. Il renferme aussi quelques veines d'un
jaune aurore, et qui sont opaques.

Ce bel albâtre prend quelquefois une jolie
teinte verte qui n'altère nullement sa transparence. Les anciens ne l'eussent point estimé,
parce qu'ils trouvoient que tous ceux qui
approchoient de la transparence du verre
étoient défectueux, et ils préféroient de beaucoup ceux qui n'avoient qu'une légère translucidité.

2. *Albâtre calcaire blanc antique.*

Cette variété est très-rare; elle ne se trouve
plus que dans les ruines des anciens monumens,
et particulièrement à Ortée, non loin de Rome;
mais nous ignorons de quels lieux les anciens
tiroient leur albâtre blanc.

3. *Albâtre d'un blanc jaunâtre*, (vulgairement
albâtre oriental.)

Le bel albâtre oriental est d'un blanc un
peu roux, et plus cette teinte est foible, plus il
est estimé par les artistes. L'on remarque dans
son intérieur des veines d'un blanc légèrement
laiteux, mais néanmoins il est d'une belle demi
transparence : tel est celui dont est faite la statue
égyptienne qui existe dans le Musée Napoléon,
sous le n°. 163. Ce monument est doublement
rare, tant par son travail et son antiquité, que
par la beauté de l'albâtre dans lequel il a été
sculptée. Cette belle statue étoit probablement
à la porte de quelque temple d'*Horus*, car les
anciens Egyptiens avoient consacré les statues
blanches au dieu protecteur de la lumière. On
présume que cet albâtre se tiroit des déserts
voisins de l'Egypte ; mais nous en avons d'absolument semblable aux environs d'Alicante, de
Valence en Espagne, et de Trapani en Sicile.

4. *Albâtre de Sienne.*

Sa couleur est le jaune de miel uni, et il est
preque transparent.

On en trouve un semblable à l'île de Malte,
dont on a déjà fait des statues d'une assez grande
dimension.

II. ALBATRES VEINÉS.

(Marbres onix des anciens.)

La plupart de ces albâtres sont le résultat des stalagmites ou des concrétions qui se forment sur le sol des cavernes, (voyez p. 451) de manière que la disposition de leurs veines dépend, jusqu'à un certain point, de l'égalité ou de l'inégalité du plan sur lequel elles se forment, c'est-à-dire que lorsqu'il est uni, les veines sont droites et parallèles, et quand il est raboteux, elles sont contournées et ondoyantes.

C'est à cette variété d'albâtre que les anciens avoient donné le nom de marbre onix; ils le tiroient des montagnes d'Arabie et de plusieurs cantons de la Germanie. Ils en firent d'abord des vases à boire (crater); puis des pieds de lit et des sièges, et l'on rapporte que *Publius Lentulus Spinter* causa la plus grande surprise à Rome, lorsqu'il y amena des amphores de ce prétendu marbre, de la grandeur des barils de Chio; mais comme je l'ai déjà dit, c'est l'albâtre couleur de miel et qui a de petites taches disposées en tourbillons, dont les Romains faisoient le plus grand cas, et non celui qui tire sur le blanc et qui est trop transparent.

On voit une belle colonne d'albâtre veiné,
à couches droites et parallèles, dans la salle
des Empereurs du Musée Napoléon.

On trouve dans plusieurs cantons d'Espagne
cette espèce d'albâtre dont les veines rousses
alternent avec des bandes plus ou moins
foncées.

Albâtres veinés, à couches contournées, ou albâtres ondés.

1. *Albâtre de Malaga en Espagne.*

On trouve, à deux lieues de cette, ville une
caverne remplie d'un albâtre foncé et jaune de
cire qui, coupé dans le sens perpendiculaire,
est veiné de ces deux teintes d'une manière
très-agréable, tandis que lorsqu'il est scié dans
l'autre sens, il ne présente que de larges taches
embrouillées, et il n'est pas, à beaucoup près,
aussi beau que dans le premier cas. Le palais
de Madrid est décoré de ce bel albâtre (1).

2. *Albâtre de Saguna en Sicile* (2).

On trouve, dans le territoire de Saguna, un

---

(1) Bawles, pag. 144, Traduc. de Flavigny.
(2) Minéralogie sicilienne.

albâtre d'un brun foncé, avec des veines plus claires ; il reçoit un fort beau poli.

3. *Albâtre de Montréal en Sicile.*

On trouve, dans le val Mazara, près Montréal, en Sicile, un albâtre qui offre des veines d'un rouge vif mêlées avec d'autres bandes jaunes plus ou moins foncées.

4. *Albâtre de Caputo en Sicile.*

Il est veiné de jaune clair et de blanc sale.

5. *Albâtre du mont Pellegrino.*

Ses veines sont étroites, les unes jaunes et les autres d'un noir extrêmement foncé.

On trouve sur le même mont Pellegrino un albâtre d'un blanc sale avec des lignes jaunes et rouges, et un autre d'un jaune clair veiné de linéamens rouges.

6. *Albâtre de Malte.*

On exploite à l'île de Malte plusieurs espèces d'albâtres, et entr'autres une variété qui est d'un jaune clair veiné de blanc, et un autre qui est ondé de noir, de brun et de blanc.

7. *Albâtre de Bastia en Corse.*

L'albâtre de Bastia est rubanné de jaune plus clair ou plus foncé que le reste de sa pâte. Il s'y trouve aussi un autre albâtre semblable à celui-ci ; mais qui est généralement d'une nuance plus sombre.

8. *Albâtre de la montagne de Montmartre près Paris.*

L'albâtre de Montmartre présente des couches ondulées d'une couleur fauve, entremêlées de veines d'un blanc sale. Il est fâcheux qu'il soit aussi rare qu'il l'est encore, et qu'on n'en ait pu trouver jusqu'à présent que des pièces peu étendues.

Néanmoins, M. Lenoir, administrateur du Musée des monumens françois, s'en est procuré un bloc assez volumineux et en a fait faire une très-belle coupe, et cette matière ainsi travaillée, ne le cède en rien à certains albâtres beaucoup plus renommés que celui-ci.

III. ALBATRES TACHETÉS,

(Vulgairement albâtres fleuris.)

Les taches de ces albâtres sont souvent produites par la manière dont ils sont taillés, de sorte qu'ils ne présentent jamais de veines ni de zones suivies, ce ne sont toujours que des taches inégales et irrégulières. On voit deux belles colonnes de cette variété d'albâtre de la plus grande richesse relativement aux couleurs, dans la salle des Empereurs du Musée Napoléon. Elles furent découvertes, en 1780, parmi les ruines de l'ancienne ville de Gabi, à quatre lieues de Rome. (Notice des statues, etc., du Musée Napoléon.) Mais l'on ignore de quelle contrée elles y furent apportées.

On cite aussi parmi les albâtres fleuris, celui de Roquebrune en Languedoc, qui est d'un rouge brun, avec des taches de différentes grandeurs et qui reçoit un très-beau poli. Mais nous ne nous étendrons point davantage sur cette espèce d'albâtre, parce qu'elle est en partie l'ouvrage de l'art.

Il existe encore une infinité d'autres variétés d'albâtres qu'il est inutile de décrire et qui se rapportent toutes à l'une des quatre sous-espèces que nous avons établies ci-dessus.

L'Italie, déjà si riche en marbres précieux, ne l'est pas moins en beaux albâtres : le territoire de Volterra en Toscane, fournit à lui seul plus de vingt variétés d'albâtres (Patrin);

il y en a même un qui porte le nom d'*albâtre de Toscane*, et qui est d'un blanc sale veiné de noir très-foncé.

La Sicile est aussi très-abondante en albâtres; les environs de Trapani ou Trepani en fournissent un qui est d'un rose qui approche de la couleur de chair.

L'Espagne est, après l'Italie, le sol le plus riche en albâtre : les environs de Grenade et de Malaga, sont particulièrement renommés pour en fournir de belles variétés.

La Perse, dit-on, est très-abondante en albâtres, et l'on assure, selon l'usage, qu'ils sont bien supérieurs à ceux d'Europe ; et cela, parce qu'ils viennent d'un pays plus méridional que le nôtre.

La France enfin renferme aussi quelques albâtres, mais ils sont peu employés dans le commerce.

Les albâtres sont à-peu-près employés aux mêmes usages que les marbres; on s'en sert, soit sous la simple forme de plaques unies, soit sous celles de tables, de colonnes, de vases, etc.; mais ils ne sont pas, à beaucoup près, aussi recherchés, ni aussi estimés que les marbres, à moins qu'ils ne soient d'une beauté remarquable.

Comme les albâtres sont sujets à renfermer des cavités, et qu'on a le talent de les remplir d'une manière très - adroite, il faut prendre garde quand on achète des pièces d'albâtres travaillées, parce que tôt ou tard le petit fragment d'albâtre dont on s'est servi pour remplir la terrase, finit par tomber et par dégrader la pièce d'une manière très-désagréable.

Outre les albâtres dont nous venons de parler, il existe encore une espèce de sédiment calcaire que l'on nomme tuff, qui, par sa nature, a les plus grands rapports avec le véritable albâtre, ou plutôt qui n'en diffère que par sa formation.

T U F F S

SUSCEPTIBLES DE RECEVOIR LE POLI.

Les tuffs sont ordinairement grossiers et caverneux; mais il en existe aussi dont le grain est fin et serré, et c'est de ceux-là dont nous ferons mention, puisqu'ils sont susceptibles de recevoir le poli aussi parfaitement que les marbres et les albâtres. Nous avons vu plus haut, que les albâtres sont formés par une eau saturée de matière calcaire, qui va la déposer dans les cavernes souterraines; dans les tuffs, au contraire, ces eaux coulent à la surface de la terre, et pressées, pour ainsi dire, de se débarrasser de la matière qu'elles tiennent en suspension, elles en incrustent leurs lits, elles en comblent les canaux à l'aide desquels on les distribue pour nos besoins journaliers, et elles finissent ainsi par se boucher elles-mêmes toute espèce d'issue (1).

Lors donc que ces dépôts sont assez fins pour être taillés et polis, on en peut faire usage avec beaucoup de succès.

Tels sont en particulier les tuffs superfins des bains de Saint-Philippe en Toscane, qui sont plus blancs et plus serrés que le plus beau mar-

---

(1) Etant en Languedoc, vers la mi-juin, de 1807, je fus visiter le grand aqueduc romain connu sous le nom de Pont du Gard : je montai dans la galerie qui termine ce hardi monument et dans laquelle couloit anciennement l'eau que l'on conduisoit d'Uzès à Nismes : j'observai que les parois et le bas de ce canal, sont incrustés de dix-huit pouces de tuff grossier. De même aussi, et cela s'est passé sous les yeux des Parisiens, lors du nouvel arrangement du jardin du sénat, on trouva, en nivelant le terrain, d'anciens canaux qui, dit-on, remontoient au temps de la reine Blanche, et qui conduisoient l'eau d'Arcueil à Paris ; eh bien, ces canaux étoient totalement remplis du même sédiment que cette eau dépose encore à-présent à la surface de tous les corps sur lesquels elle séjourne un certain temps.

bre de Carrare. Aussi en a-t-on tiré un parti
très-avantageux en le forçant de se déposer dans
des moules creux en soufre, afin d'en obtenir
des empreintes en relief. De cette manière,
on se procure, à vil prix, des copies très-
exactes des meilleurs bas-reliefs connus, avec
d'autant plus de facilité, que cela s'opère dans
l'espace de quelques jours. Cet ingénieux atelier
a été établi, en 1760, par M. Vegni. On cite
une source pétrifiante semblable à celle-ci et
très-célèbre, à Guan-Cavélica au Pérou, dont
on tire à-peu-près le même parti; mais les objets en sortant de leur matrice, ont besoin d'être
polis, ce qui n'a point lieu pour ceux de Saint-
Philippe en Toscane. Les bénitiers de Lima au
Pérou, sont faits avec cette matière.

On exploite au village de *Sestri-di-Ponente*,
dans la montagne de *Gazo* en Italie, un tuff calcaire qui prend un beau poli, et qui est d'un brun
jaunâtre demi transparent en quelques endroits
et ondoyé dans d'autres places, ce qui l'a fait
prendre pour un albâtre (1).

On a trouvé à Aix en Provence un aqué-
duc antique, qui étoit entièrement comblé par
un dépôt calcaire d'un jaune roussâtre finement

---

(1) Ferber, note du traducteur, pag. 451.

veiné par des lignes déliées et ondoyantes, et il en existe à Paris deux fort belles plaques polies : l'une dans les galeries du Muséum d'histoire naturelle, l'autre dans le cabinet de la Monnoie. Si elles ne sont pas de cette localité, du moins ressemblent-elles beaucoup à celui qu'on y trouve.

DEUXIÈME ESPÈCE.

ALBATRES GYPSEUX.

(Alabastrite *ou* alabastride des anciens.)

L'albâtre gypseux ne fait aucune effervescence dans l'acide nitrique; il perd sa transparence, son brillant et sa solidité, quand on l'expose au feu, c'est-à-dire qu'il se change en plâtre.

Sa dureté est si peu considérable, qu'il se laisse entamer par l'ongle, et malgré cela, il reçoit un assez beau poli; mais il est vrai que le moindre frottement suffit pour le lui enlever.

Il n'est jamais orné de couleurs vives : le blanc laiteux est sa couleur par excellence.

Sa transparence est sensible , même à travers des plaques assez épaisses.

Enfin, sa cassure ou son aspect interne varie beaucoup : tantôt il offre un tissu cristallin et brillant; tantôt il ne présente qu'une con-

texture lamelleuse, ou d'autres fois qu'une surface terne et compacte.

Comme l'albâtre gypseux est beaucoup plus
souvent blanc que l'albâtre calcaire, c'est à cette
espèce à laquelle on doit rapporter le vieux pro-
verbe de *blanc comme albâtre*.

1. *Albâtre gypseux antique d'un blanc de lait.*

Les anciens ont appelé cette variété d'albâtre
gypseux, *alabastrite*, à cause de la ville d'*A-
labastre* en Egypte, près de laquelle on l'exploitoit. Ils en faisoient des vases destinés à renfermer leurs parfums, et ils les nommoient, à
cause de leur usage, *vasa unguentaria*. Ils en
ont même bâti des temples entiers, tel que celui de *la Fortune Seia*; et quoiqu'il n'eût point
de fenêtres, la transparence de ses murs don-
noit accès à la lumière extérieure qui y répan-
doit un jour religieux, bien propre à inspirer
le respect qu'on cherchoit à maintenir dans ce
lieu sacré.

2. *Albâtre gypseux blanc de lait des Basses-Pyrénées.*

Sa couleur est le blanc parfait; son grain
est fin et serré; sa cassure est grenue; il est
susceptible d'être employé avec assez de succès.

3. *Albátre gypseux blanc de lait, de Bos-
cadon près d'Embrun, département des
Hautes-Alpes.*

Il est blanc, compacte, et reçoit un très-beau
poli.

Les statues et les bas-reliefs du superbe mausolée du connétable de Lesdiguières, qui est
dans la cathédrale de Gap, sont faits avec cet
albâtre gypseux. (Communiqué par M. Héricart.)

4. *Albátre gypseux du fleuve Niso en
Sicile.*

Il est d'un gris très-clair et il offre à sa surface des taches vertes et jaunâtres.

5. *Albátre gypseux, ondé de rouge et de
jaune foncé, de Taormina en Sicile dans
le Val Demona au bord de la mer.*

6. *Albátre gypseux blanchâtre, de Rique-
vire, département du Haut-Rhin. (Alsace.)*

On le trouve en masses arrondies, mêlées
avec d'autres albâtres colorés; mais le blanc est
beaucoup plus employé par les artistes, que
ceux qui sont chamarrés de diverses couleurs (1).

____

(1) Graffenauer, Minéralogie d'Alsace.

7. *Albâtre gypseux de l'île de Goze près Malte.*

Sa couleur est le jaune clair ondé de blanc; il est fortement translucide (1).

8. *Albâtre gypseux de Lagny.*

On trouve à Lagny, à six lieues et demie de Paris, un albâtre gypseux d'un blanc jaunâtre demi-transparent et qui est comme craqueté, c'est-à-dire qu'il offre, dans presque toute sa masse, des fêlures qui vont en différens sens, mais qui n'affoiblissent en rien sa solidité; il offre aussi des veines d'un gris noirâtre et reçoit un fort beau poli.

Cet albâtre est assez employé à Paris : on en fait des vases, des tables, des socles, etc. On peut en voir deux belles pièces taillées en colonnes et en vases, dans le cabinet de la Monnoie, et deux autres semblables dans la galerie des tableaux de Rubens, au palais du sénat.

Telles sont à-peu-près les principales variétés d'*albâtres gypseux* que l'on emploie dans le commerce. Il est très-essentiel de les distin-

____

(1) **Minéralogie sicilienne.**

guer des albâtres calcaires, avec lesquels on pourroit les confondre, si l'on ne connoissoit point d'avance les petites épreuves auxquelles on peut les soumettre ; et cela est d'autant plus essentiel que les albâtres gypseux ne sont pas à beaucoup près aussi estimés que les albâtres calcaires.

PIERRE A PLATRE BLANCHE ET GRENUE
DU DEPARTEMENT DU MONT-BLANC.

On trouve dans plusieurs parties de ce département, une espèce de pierre à plâtre qui a le grain et la blancheur du plus beau marbre blanc antique ; elle est quelquefois veinée de grisâtre ; mais elle a tous les caractères des albâtres gypseux, c'est-à-dire qu'elle est de la même dureté, qu'elle se comporte de même au feu, et qu'elle ne fait point effervescence avec l'acide nitrique.

Elle reçoit un beau poli, aussi est-elle très-employée à Grenoble.

GYPSE ANHYDRE COMPACTE.

(Chaux sulfatée anhydre des minéralogistes.)

Cette pierre gypseuse présente plusieurs différences avec les albâtres gypseux et les pierres à plâtre ordinaires.

Elle est beaucoup plus dure; elle ne blanchit point au feu (1); elle a une cassure plus compacte et un grain beaucoup moins lâche, de sorte qu'on peut en faire des ouvrages assez durables.

Il y en a de blanche; de bleue (vulgairement célestine); de rose et de grise.

On trouve du gypse anhydre blanc à Vizil près de Grenoble, département de l'Isère, et il a été employé, par les Romains, comme marbre blanc; témoin la belle colonne milliaire (2) que l'on voit à Thin, sur les bords du Rhône, département de la Drôme. Elle fut élevée en l'honneur de l'empereur *Domitien Aurélien* : elle a six pieds de haut, proportion assez consi-

---

(1) Le gypse ordinaire qui blanchit et pétille au feu, perd dans cette opération une certaine quantité d'eau que l'on appelle eau de cristallisation. Le gypse anhydre, au contraire, qui ne s'altère point au feu, est privé de cette portion d'eau, et de là lui est venu le surnom d'*anhydre*, c'est-à-dire sans eau.

(2) On trouve sur les anciennes voies romaines des bornes ou des colonnes tronquées, qui étoient destinées à marquer les distances en milles : elles sont connues des antiquaires, sous le nom de colonnes milliaires.

dérable pour ces sortes de colonnes. C'est la trente-neuvième en allant à Vienne.

Les gypses anhydres du département du Mont-Blanc sont très-employés à Grenoble et dans tout le département de l'Isère et du Mont-Blanc. (Communiqué par M. Héricart.)

Gypse anhydre silicifère, (vulgairement pierre de Vulpino, ou bardiglio des Italiens.)

Ce prétendu marbre des Italiens n'est autre chose qu'un gypse anhydre souillé d'une assez grande quantité de terre siliceuse.

Il est d'un blanc grisâtre uniforme, ou veiné de gris bleuâtre. Il ne fait point effervescence dans l'acide nitrique, mais du reste il a l'aspect extérieur d'un marbre salin.

On a remarqué que lorsqu'on jette sa poussière sur des charbons ardens, elle répand une petite lueur phosphorique assez sensible.

Sa pesanteur spécifique équivaut à-peu-près à deux cents livres le pied cube. On le tire de Vulpino, à quinze lieues de Milan, et il est employé avec succès dans cette ville, soit à faire des tables, des colonnes, des vases, soit tout autre ouvrage du même genre.

On doit ces détails qui nous ont mis à même
de connoître la vraie nature de ce gypse, à M.
Fleurieu de Bellevue, car avant lui on le re-
gardoit comme un marbre.

DES SERPENTINES.

(Gabro des Italiens.)

Les serpentines sont des roches dont la pâte
est talqueuse ou stéatitique ; elles réunissent
souvent des pierres étrangères à leur base et
qui forment différentes taches plus ou moins
agréables et plus ou moins vives.

Ces pierres sont le plus ordinairement le
grenat et l'amianthe, quelquefois des grains de
fer, etc. ; et ce sont ces diverses substances qui
forment le plus souvent les taches et les veines
que l'on remarque à la surface des serpentines.

Les taches rouges sont dues au grenat, les
veines blanchâtres à l'amianthe, et les points
noirs au fer.

Les serpentines renferment aussi assez souvent des lames de diallage métalloïde, c'est-à-
dire qui ont l'éclat d'une substance métallique.

Maintenant, si l'on fait abstraction de ces
corps étrangers, l'on pourra dire que la serpentine proprement dite, est opaque, quel-

quefois translucide; que sa couleur varie depuis le vert céladon jusqu'au vert bouteille foncé. qu'elle se laisse souvent entamer avec le couteau, mais qu'il arrive souvent qu'elle jouit d'une dureté beaucoup plus considérable; et c'est alors qu'elle prend le nom de serpentine noble, surtout lorsqu'elle joint à cela un certain degré de transparence.

Les serpentines sont assez tendres pour se laisser travailler au tour; aussi ne prennent-elles jamais un lustre bien brillant, car leur surface a toujours quelque chose de gras.

Le nom de serpentine a été donné à cette pierre, parce que ses taches et ses veines ressemblent grossièrement à la peau chamarrée de quelques espèces de serpens.

Enfin les serpentines forment à elles seules des montagnes entières, qui sont à la vérité peu considérables, si l'on en excepte pourtant celles qui avoisinent le Mont-Rose.

La serpentine étoit encore une pierre très-renommée chez nos aïeux pour ses prétendues propriétés médicinales : elle guérissoit surtout, disoit on, des coliques; et pour cela, il suffisoit de l'appliquer sur la partie malade.

1. *Serpentines nobles.*

Les serpentines nobles sont celles qui jouissent d'un certain degré de transparence et qui sont assez dures pour résister au fer ; elles sont ordinairement d'un vert foncé assez agréable ; il y en a aussi de vert pistache.

2. *Serpentine de Bareuth en Franconie.*

Cette variété est remplie de grenats irréguliers de la grosseur d'un pois, qui sont disséminés dans sa masse d'une manière assez égale : de sorte que quand cette serpentine est polie, elle offre un mélange très - piquant de parties rouges et transparentes, et de parties vertes et translucides.

Cette serpentine de Bareuth est très-recherchée dans le commerce ; on en fait des socles, des vases et des tabatières.

3. *Serpentine de Queyras, département des Hautes-Alpes.*

Elle est d'un noir verdâtre et elle renferme une substance particulière qu'on nomme épidote et qui est d'un vert grisâtre, ainsi que des lames de diallage métalloïde : elle se trouve près de Briançon, et les ouvriers de la ci-devant manufacture de cristaux établie anciennement en cette ville, qui se sont presque tous retirés au Grand Villas, travaillent cette serpentine avec succès, et continuent à faire des ouvrages dignes d'attirer l'attention des amateurs.

(Communiqué par M. Héricart.)

4. *Serpentine du département du Lot.*

Elle est d'un vert clair fort agréable, avec des linéamens noirs, nets et distincts. Il seroit avantageux de la travailler.

5. *Serpentine de Grenade en Espagne.*

On trouve à deux lieues de Grenade, dans un endroit nommé *Sierra Nevada*, une très-belle serpentine verte qui contient des parties jaunes et chatoyantes, qui sont probablement dues à de la diallage métalloïde. C'est de cette carrière de *Sierra-Nevada*, qu'ont été tirées les colonnes de l'église des religieuses de Saint-François de Sales à Madrid, ainsi que d'autres pièces qui ornent le palais du roi (1).

---

(1) Bawles, pag. 419.

6. *Serpentine de Genève, département du Léman.*

On exploite aux environs de Genève, une serpentine verte qui passe au noir, et qui jouit d'une dureté si extraordinaire pour cette sorte de pierre, qu'on ne peut la travailler sur le tour ; elle est quelquefois tachée de jaune ou de blanc, et l'on a remarqué que ces places sont plus tendres que le reste de la roche : ce qui a fait présumer que ces taches sont dues à la décomposition de quelques pyrites ou à l'oxidation de certaines parties ferrugineuses (1).

7. *Serpentine magnétique du Haut-Palatinat.*

M. de Humboldt a découvert dans la chaîne de montagnes qui sépare le margraviat de Bareuth, du Haut-Palatinat, une serpentine feuilletée et d'un vert foncé, qui présente le phénomène magnétique d'une manière très-extraordinaire, c'est-à-dire que non-seulement ses fragmens détachés repoussent et attirent alternativement les extrémités de l'aiguille d'une

---

(1) Saussure, parag. 107.

boussole, mais encore que la couche de cette serpentine est tellement située dans la montagne, que d'un côté l'extrémité de l'aiguille qui marque le nord, est constamment repoussée, tandis que sur le flanc opposé, il arrive absolument le contraire, c'est-à-dire que cette même partie de l'aiguille aimantée est attirée et l'autre repoussée. Ces attractions et ces répulsions se font ressentir à la distance de vingt-deux pieds, (Patrin.)

8. *Serpentine des collines de l'Impronetta près Florence.*

Elle contient des lames vertes de diallage satinée et demi-transparente.

9. *Serpentine de la vallée de Chamouni.*

Les serpentines de la vallée de Chamouni, se trouvent en blocs isolés; il y en a de deux espèces : l'une est verte marbrée de blanc; l'autre est mêlée de talc vert et d'asbeste dorée. Elles sont susceptibles d'être employées toutes les deux très-avantageusement.

10. *Serpentine de l'île d'Elbe.*

On trouve à l'île d'Elbe une espèce de serpentine qui diffère un peu des précédentes. Sa

base est une espèce de stéatite bleuâtre et rembrunie qui renferme des parties de jade d'un
vert-pré, et quoiqu'elle ne soit pas strictement
une vraie serpentine, elle prend un poli absolument semblable à celui qui appartient à ces
sortes de roches.

Les serpentines les plus connues dans le
commerce, sont celles de Sahlberg en Suède,
et de Zoeblitz en Saxe; elles tirent toutes deux
sur le vert foncé; on les travaille au tour et on
en fait divers ouvrages, comme boîtes à thé,
vases, tabatières, etc.; et ces différens ouvrages
se répandent ensuite dans toute l'Europe.

La partie des Alpes qui fait face à l'Italie,
recèle une grande quantité de serpentine. Le
département du Var est particulièrement dans
ce cas, ainsi que celui de la Haute-Vienne.

La Corse en produit aussi de très-belles espèces, et surtout les environs des *Costieres du
Golo*. M. Barral en a décrit dix-sept variétés
dans son Histoire naturelle de la Corse.

Enfin la Sicile n'en est point dépourvue, et
en particulier les montagnes qui sont voisines
de Nio.

BRÈCHES STÉATITIQUES.

1. *Brèches stéatitiques de Corse.*

Cette brèche, dont le fond stéatiteux est d'un blanc rosé, renferme des fragmens de la même matière, qui sont anguleux, petits en général, dont les uns sont d'un rouge de sang, et les autres d'un vert-pré. Cette belle roche, qui ressemble pour la pâte aux pierres dites de lard, employée par les Chinois, a été découverte par M. Rampasse, en Corse, département du Golo. J'aurois désiré en donner une localité plus exacte, attendu qu'il seroit très-intéressant d'exploiter cette belle stéatite en brèche; mais M. Rampasse s'y est constamment refusé.

2. *Brèche stéatitique de Monte-Nero.*

La brèche stéatitique de Montenero se trouve dans le petit torrent d'Orsara en Ligurie. Au lieu d'avoir une base entièrement talqueuse, comme la précédente, elle est composée d'un fond de calcaire rouge de cerise, à cassure grenue et écailleuse, et il n'y a que ses taches qui sont dues en partie à des galets de serpentine d'un vert pistache, et en partie à quelques globules de diallage laminaire. Il arrive quelquefois que les taches de serpentine sont entourées d'anneaux blancs qui relèvent encore la richesse de cette belle brèche qui a été découverte par M. Viviani, savant minéralogiste (1). Il est à regretter qu'on ne la connoisse point encore en place, mais seulement en masses détachées et errantes dans le torrent d'Orsara.

PIERRES OLLAIRES (2).

Les pierres ollaires sont si rapprochées des serpentines, qu'il est assez difficile de les différencier les unes d'avec les autres, d'une manière précise et tranchée. Les seuls caractères distinctifs qu'on puisse assigner entr'elles deux, c'est que les serpentines, en général, sont plus dures que les pierres ollaires; que ces dernières sont exemptes des mélanges qui font l'ornement des serpentines et qui contribuent même à leur donner plus de dureté; mais malgré ces différences, il n'y a point de roches qui

---

(1) Viviani, Voyage dans les Apennins de la Ligurie, pag. 16.

(2) Du mot latin, *olla*, pot, marmite.

soient plus susceptibles que ces deux-ci d'être réunies dans une seule et même espèce.

Les couleurs des pierres ollaires tirent presque toutes sur le vert grisâtre, et le plus souvent encore sur le gris cendré.

On la travaille aisément au tour; mais elle est si tendre, qu'elle ne prend jamais qu'un poli terne et gras.

Exposée au feu, elle durcit considérablement et perd son toucher onctueux; enfin, poussée à un feu violent, elle finit par fondre.

1. *Pierre ollaire dure de Corse.*

(Passage des serpentines aux pierres ollaires.)

Cette pierre ollaire est presqu'aussi dure que la serpentine; elle est d'un vert-bouteille tirant sur le noirâtre, et elle renferme de petites lames de talc argenté; elle reçoit un assez beau poli.

2. *Pierre ollaire grise et mouchetée.*

La couleur de cette variété est le gris sale; mais elle est variée de lignes brunes parallèles, et mouchetée de taches irrégulières de la même couleur. Elle est douce au toucher et se laisse couper aisément avec une lame de fer. J'ai dans

ma collection une plaque de cette singulière
variété de pierre ollaire qui ressemble jusqu'à
un certain point à un bois pétrifié; mais je
ne connois point sa localité.

3. *Pierre ollaire de Bastia en Corse.*
(Verdi-prato, à Florence.)

Toutes les pierres ollaires qui se trouvent
aux environs de Bastia, tirent sur le vert clair;
il y en a une variété chatoyante, et elles sont
toutes très–faciles à travailler sur le tour.

On en trouve aussi d'à-peu-près semblables,
au Cap Corse.

4. *Pierre ollaire de Val-Sesia.*

On exploite au Val-Sesia, près du petit village d'Allagne en Valais, non loin de Mont-
Rose, une carrière de pierre ollaire d'un vert
bouteille et d'une fort bonne qualité, susceptible d'être tournée avec avantage et de résister
au feu et aux injures du temps, ce qui donne
la facilité de l'employer à l'architecture extérieure. Elle est connue dans tout le Valais,
sous le nom de Giltstein; on s'en sert pour
faire toutes espèces de vases de cuisine tournés,
et elle réunit à l'avantage de la légèreté, ceux
de ne faire contracter aucun mauvais goût

xua alimens qu'on prépare dedans, d'être d'un
très-bon usé, de s'échauffer promptement et
de ne contenir rien de malfaisant.

On vend dans le pays des assortimens de
vases ronds qui s'emboîtent les uns dans les
autres et qui diminuent progressivement, et
cette suite de vases se tirent tous du même
bloc (1).

On trouve aussi deux variétés de pierres ollaires aux environs de Genève, ainsi que dans
la partie des Alpes qui fait face à l'Italie.

La pierre ollaire a donc donné naissance à
une branche d'industrie très - importante, en
fournissant la matière d'une poterie saine, com-
mode et durable, dont le Valais, les Grisons,
la Corse, etc., font un grand usage. Plusieurs
manufactures des Grisons datent d'une époque
très-reculée ; on assure qu'il y en avoit une
très-renommée au village de Pleurs, dans l'ancien comté de Chiavenna, détruit dans le dix-
septième siècle par l'éboulement d'une montagne.

---

(1) Saussure, paragr. 1727 et 2151.

SCHISTE ONIX DES CHINOIS (1).

On nous apporte de la Chine des plaques de schistes onix gravées à la manière des camées.

Ces schistes, que nous ne connoissons point en Europe, sont ordinairement à trois couches : l'une d'un brun de chocolat, l'autre d'un vert pâle, et la troisième d'un jaune d'ocre; en sorte que les Chinois tirent parti de ces trois couches, en réservant ordinairement la couche brune pour le fond, et les deux autres pour le sujet qu'ils veulent y représenter.

On voit à Paris deux de ces tableaux chinois au Conseil des mines, et un autre chez M. *Dedrée.*

M. Patrin a vu un tableau de ce schiste onix dans le cabinet de Saint-Pétersbourg; il a plus de deux pieds de long et il représente un paysage chinois avec des hommes et des animaux. Ces différens objets sont pris dans trois couches : l'une est blanche, l'autre verte, et la troisième rouge; le fond, qui forme la quatrième, étoit couleur de café.

____

(1) On appelle schistes toutes les pierres feuilletées analogues à l'ardoise.

A P P E N D I C E.

DES LAVES QUI SONT SUSCEPTIBLES D'ÊTRE TAILLÉES ET POLIES.

On appelle *lave*, en général, toutes les pierres qui sont rejetées par les éruptions volcaniques. La plupart de ces produits du feu ne sont point susceptibles de recevoir le poli, soit à cause de la multitude de pores dont ils sont pénétrés, soit à cause de leur nature argileuse ou friable ; il n'y a donc réellement que la lave noire, compacte et homogène, qui puisse s'employer journellement et avec succès, et c'est à cette même lave que l'on a donné le nom de basalte (pierre de fer), à cause de sa couleur, nom que l'on a donné aussi au *granitello nero antico*, qui n'a d'autres rapports avec le basalte volcanique que sa couleur noire et son extrême dureté. Il ne faut pas non plus réunir au vrai basalte, la pierre qui est connue sous le nom de *basalte vert antique ;* c'est encore une espèce de granit dont les élémens sont extrêmement fins, et qui, pour cette raison, donnent à la pierre un aspect homogène qui n'est qu'apparent.

1. *Basalte ou lave noire homogène.*

Le basalte est d'un noir très-intense ; sa dureté surpasse celle de toutes les autres pierres noires.

Sa cassure est finement grenue, rarement écailleuse, il se fond au chalumeau avec assez de facilité.

Il se trouve dans les terrains qui ont subi, à une époque très-reculée, l'action dévastatrice des feux volcaniques, tels qu'en Auvergne, en Vivarais, en Écosse, en Irlande, aux Hébrides.

Il est quelquefois en masses irrégulières ; mais le plus souvent il s'offre sous la forme de grands prismes à trois, à quatre, à cinq, à six, à sept, à huit, et même à neuf pans ; mais ces derniers sont extrêmement rares. Ces grandes colonnes forment des faisceaux énormes de grandes chaussées, des cirques, etc., qui sont décrits et figurés dans plusieurs ouvrages, et particulièrement dans le Voyage en Angleterre de M. Faujas, dans les Recherches sur les volcans éteints du Velai et du Vivarais, du même auteur, dans sa Minéralogie des volcans, dans ses Essais de Géologie, etc. Cette lave noire et compacte est fortement attirable à l'aimant,

à cause de la grande quantité de fer qu'elle
contient.

Enfin, le basalte est susceptible de recevoir
un très-beau poli, et sa grande dureté le met
à même de résister à jamais aux intempéries
de l'atmosphère. D'ailleurs, pouvons-nous avoir
une meilleure preuve de son extrême solidité,
que l'entière conservation des angles d'une infinité de ces prismes qui forment les chaussées
dont nous venons de parler, et qui sont exposés à l'air depuis des temps immémorés, sans
être émoussés dans aucunes de leurs parties?
De quelle durée ne seroient donc point des
monumens construits avec une telle pierre?
Elle seroit difficile à travailler, il est vrai, mais
doit-on rien négliger pour avoir la certitude
qu'un monument que l'on élève aujourd'hui,
verra passer nombre de siècles, sans jamais
en être attaqué; qu'il sera même à l'abri de
la fureur des hommes révoltés qui, dans leur
frénésie horrible, détruisent tout sans autre
but que celui de détruire et d'anéantir? Eh! si
les statues grecques dont on fit de la chaux à
Rome, pendant plusieurs années de barbarie,
eussent été faites avec une pierre plus dure et
moins altérable que n'est le marbre, certes nous
les admirerions encore, et nous n'aurions pas à

gémir sur la perte irréparable de tant de chefs-
d'œuvres.

Les prismes de basalte, surtout, sont très-
propres à faire des colonnes; ils sont, pour
ainsi dire, ébauchés, et si on les choisissoit
avec soin, on en trouveroit beaucoup qui exi-
geroient peu de dépenses pour être amenés
à la forme cylindrique; ne devroit-on pas,
par exemple, établir des moulins à eau sur le
bord du Rhône, destinés à tailler, et surtout
à tourner les beaux basaltes du Vivarais, département de l'Ardèche, qui sont là tout portés
et qui sont d'une pureté parfaite? On pourroit surtout établir ces moulins en face de
Montélimart, département de la Drôme, afin
que cette ville servît d'entrepôt pour la vente
de ces ouvrages en basalte. Jusqu'à présent
nous nous sommes contentés d'en faire exécuter de très-petites pièces qui sont fort estimées dans le commerce, mais qui ne peuvent
donner qu'une foible idée du grand parti qu'on
pourroit tirer de cette pierre inappréciable par
sa grande solidité.

A part les pierres que les anciens employoient sous la fausse dénomination de basalte, ils se sont aussi quelquefois servis du
vrai basalte volcanique; tels sont les Egyp-

tiens, qui le tiroient d'Ethiopie, où il existe réellement des basaltes. Les principaux endroits d'où l'on peut tirer du basalte de bonne qualité, sont, en France, l'Auvergne et le Vivarais; en Italie, les environs de Rome; en Irlande, le comté d'Antrim; en Ecosse, presque toutes les Hébrides, et particulièrement l'île de Staffa, et en général, de tous les lieux de la terre, qui sont encore ou qui ont été volcanisés.

2. *Lave grise du Vésuve.*

L'on exploite dans ce moment-ci au Vésuve, un courant de lave compacte et grise, qui est tachée d'une multitude de petits points noirs, dus à une infinité de cristaux d'une pierre particulière que les minéralogistes appellent pyroxène.

Cette lave n'est pas très-dure à travailler, et malgré cela elle reçoit un beau poli. On en fait des tables et des vases. On peut en voir une belle plaque dans le cabinet de la Monnoie, et deux vases dans l'une des galeries du Palais du Sénat.

3. *Lave tigrée du Puy en Velay.*

Cette lave est bien homogène; son grain

est fin et sa cassure écailleuse; sa couleur est d'un gris un peu verdâtre, tigrée de petites taches d'un gris noirâtre assez foncé. On la trouve au Puy en Velay, et les colonnes de l'église de cette ville en sont faites. On pourroit l'employer à des ouvrages beaucoup plus délicats, parce qu'elle est susceptible de recevoir un poli très-vif.

4. *Laves noires à taches blanches, des environs de Rome.*

On trouve une grande quantité de ces laves, qui sont susceptibles de recevoir un très-beau poli et d'être taillées et travaillées avec succès. Les taches blanches que l'on remarque dans cette lave, sont dues à une pierre que les minéralogistes appellent *leucite* ou *amphigène*. On voit deux vases de cette lave dans le cabinet de M. Dedrée.

5. *Roche micacée rejetée par le Vésuve.*

On ne peut point considérer cette roche comme une lave proprement dite, puisqu'elle na point été altérée par les feux volcaniques; mais simplement comme une pierre arrachée du sein de la terre et mise au jour par les projections du Vésuve.

Elle est presqu'entièrement composée de lamelles de mica d'un blanc jaunâtre; et d'un
vert olive; elle ne prend qu'un poli très-im-
parfait, et encore est-elle sujette à le perdre
par le moindre frottement. Cependant on en
fait des socles, des tables de rapport et des
tabatières.

Nous pourrions décrire une infinité d'autres laves qui sont susceptibles, jusqu'à un
certain point, de recevoir le poli et d'être
taillées, soit en tables, en vases ou en colonnes; mais le peu d'éclat de leurs couleurs et plusieurs autres inconvéniens plus gra-
ves encore, nous ont déterminés à les passer
sous silence. Nous nous contenterons donc de
dire seulement que toutes les fois qu'une lave
est assez dure pour résister assez fortement à
une pointe de fer; qu'elle est compacte et assez
adhérente dans toutes ses parties, pour ne point
se détacher par •l'opération du sciage; une
telle lave pourra toujours être travaillée, lorsqu'on l'aura à sa portée et qu'on ne pourra
disposer d'aucune autre pierre plus avantageuse
pour la remplacer. Mais lorsqu'on destine les
ouvrages faits en lave à être exposés à l'air,
il faut bien examiner si la lave en place ne
se décompose point, parce qu'étant exposée

à l'extérieur, la même décomposition conti-
nueroit et entraîneroit avec elle la destruction prochaine des ouvrages que l'on auroit
exécutés avec une telle lave.

C'est particulièrement à Naples que l'on
emploie les différentes laves de Vésuve : on en
fait à-peu-près les mêmes ouvrages que ceux
auxquels nous employons ici les marbres, c'est-
à-dire des dessus de commodes, des chambranles de cheminées, des tables, des vases,
des colonnes et plusieurs ouvrages d'utilité ou
d'ornement.

Actuellement que nous avons terminé l'histoire des pierres que l'on peut employer en
grand à la décoration des monumens publics
ainsi qu'à l'ameublement des maisons particulières, nous allons passer à la manière dout
on travaille ces mêmes substances, ainsi qu'à
l'examen successif et détaillé des diverses
machines qui sont journellement employées
par les artistes pour la confection de leurs
différens travaux, et c'est à ce sujet intéressant
que nous allons consacrer la dernière partie
de notre ouvrage.

DE L'ART DU MARBRIER.

MAMURRA, l'un des préfets de Jules César, fut le premier qui se servit du marbre en plaques minces pour l'ornement de sa maison; mais avant lui on avoit employé le marbre blanc de Proconèse, pour revêtir le fameux tombeau de Mausole, et plus anciennement encore sous la forme de colonnes pour la décoration des théâtres publics (1). L'art du marbrier remonte donc à une époque très-reculée, mais cependant postérieure à celle où la sculpture prit naissance, puisqu'on sait que son origine remonte chez les Grecs, à-peu-près au commencement des *olympiades*, et de temps immémorial chez les Egyptiens, nos maîtres.

Les Romains employèrent d'abord les marbres blancs et négligèrent pendant assez long-temps les marbres colorés, si l'on en excepte

(1) Marcus Scaurus fit apporter à Rome trois cent soixante colonnes pour l'ornement d'un théâtre public qui ne devoit pas durer plus de vingt jours. Pline, liv. XXXVI.

Le marbre noir de Chio, (dit marbre de Lu-
cullus), dont l'emploi date aussi d'une assez
haute antiquité.

Les anciens débitoient leurs marbres comme
nous les débitons nous-mêmes, avec une scie
non dentée et du sable très-dur qu'ils alloient
chercher à grands frais en Egypte, en Ethiopie,
mais qu'ils remplacèrent, quelque temps après,
par celui des bords de l'Adriatique.

Quand ils avoient ainsi réduit le marbre en
tables minces, ils commençoient à unir sa
surface avec un certain sable brûlé; ensuite ils
y passoient la pierre de Naxe (qui paroît être
un cos); et ils perfectionnoient le poli avec
de la poussière de pierre ponce. C'étoit - là
où se bornoient les opérations qu'ils faisoient
subir aux marbres qu'ils destinoient à la décoration de leurs théâtres, ou à l'ornement de
leurs maisons de campagne; car on sait combien les Romains enrichissoient les habitations
qu'ils possédoient aux environs de la ville.

De nos jours, l'art du marbrier s'est considérablement étendu et semble même toucher
au terme de sa perfection, soit par le choix
des formes et le fini des ouvrages qui sortent
des mains habiles de nos artistes, soit par la
simplicité de leurs moyens d'exécution, ou

par les mécaniques ingénieuses qu'ils mettent en jeu, et qui, en diminuant la main d'œuvre, apportent une grande précision dans la partie manuelle de leur art. Nous allons donc essayer d'indiquer, le plus clairement qu'il nous sera possible, les diverses manœuvres de cet art intéressant, telles qu'elles s'exécutent journellement dans la plupart des ateliers ; et pour y apporter un certain ordre, nous prendrons le marbre encore en place ; nous le conduirons, brut, dans le chantier du marbrier ; là, nous le débiterons en tables, ou nous le tournerons en colonnes ; nous le mettrons ensuite sur la table à polir, et nous ne le quitterons qu'à la place qu'il devra occuper irrévocablement.

§ I.

De l'exploitation du marbre.

Le marbre se trouve dans la nature, en bancs plus ou moins épais, posés les uns au-dessus des autres, et formant ainsi des montagnes entières et assez considérables.

Quant à son exploitation, elle consiste à découvrir (quand le travail se fait à ciel ouvert) ces mêmes bancs et à en enlever une certaine épaisseur, jusqu'à ce que l'on ait atteint ce qui s'appelle le vif du marbre : alors on commence l'exploitation ; et comme l'on tâche toujours d'en retirer de grands blocs d'une seule pièce, on choisit à cet effet la saillie d'un banc qui paroît devoir s'y prêter plus facilement ; on la cerne, de droite et de gauche, par une encoignure, c'est-à-dire qu'on la taille à-peu-près à angle droit avec le reste du banc, au moyen d'une scie dentée ou d'un pic ; on dégage le dessus s'il est encombré ; on pratique une rainure sur cette face supérieure et le plus près possible du banc ; l'on insère dedans des coins doublés en lames de tôle ; on frappe sur tous à-la-fois avec de grosses masses de fer ; et le bloc, ainsi ébranlé dans toute sa longueur, se détache bientôt en entier. On le tire de sa place avec des rouleaux et des crics, on le transporte ainsi sur une aire ; on en dresse grossièrement les faces ; on en estime la solidité en pieds cubes ; on le marque et on l'expédie pour le chantier, sous la dénomination de marbre brut.

§ II.

De la manière de débiter le marbre.

Quand le marbre brut est ainsi arrivé dans

le chantier d'un marbrier, celui-ci juge à quelle sorte d'ouvrage il est le plus convenable, et suivant sa forme et ses dimensions, il est débité en tables minces, tourné en colonnes, ou ébauché en forme de vases.

Si on le destine à être réduit en plaques minces, on le place sur deux madriers, et l'ouvrier, muni d'une scie semblable à celle des scieurs de pierres ordinaires (1), débite le bloc, en ayant soin d'arroser souvent avec du grès pilé délayé dans de l'eau. Telle est la manière la plus simple et la plus usitée ; mais on se sert aussi de plusieurs autres scies qui sont beaucoup plus expéditives que celles-ci et qui remplissent le même but (2.

---

(1) Les scies des marbriers coûtent ordinairement 1 liv. 10 s. le pied.

(2) On doit observer qu'il n'est point indifférent de débiter les marbres colorés dans tous les sens ; qu'il faut, au contraire les scier dans la direction où leurs veines et leurs taches ont l'aspect le plus agréable ; car il en est ici des marbres comme des bois veinés, et, à cette occasion, l'on dit dit qu'un marbre est scié en *passe*, quand il est débité dans le sens longitudinal de ses veines, tandis qu'on dit qu'il est débité en *contre-passe*, lorsque la section a été pratiquée perpendiculairement à ces mêmes veines. Le même marbre n'est

La figure 2 de la pl. VI représente une scie à plusieurs lames, que l'on met en mouvement par le moyen d'un balancier.

Cette machine, qui est exécutée chez M. Balleux, marbrier à Paris, est composée d'un chassis carré **A**, au milieu duquel on fixe, avec des clavettes, plusieurs lames de scies à des distances convenables *bb*, et parfaitement parallèles entr'elles. Cette scie à plusieurs lames glisse entre quatre poteaux de bois **B** qui sont réunis solidement par de fortes traverses, et elle est mise en mouvement par le moyen d'un long balancier en fer **C**, au milieu duquel le chassis est attaché par une double charnière **D**. Le lévier est accroché à une potence ou dans l'anneau d'une barre de fer scellée dans un mur **E** et il y est disposé de manière que le crochet du balancier puisse y jouer avec facilité ; vers le milieu de ce même balancier, on adapte une poignée horizontale *c* , qui sert à placer les mains de l'ouvrier.

Pour faciliter le jeu de cette mécanique, on prolonge la partie inférieure du lévier le plus

---

point reconnoissable quand il est scié dans ces deux sens, tant la manière de scier influe sur l'aspect de ces roches.

que cela est possible; on la charge d'une masse de plomb qui fait l'office de volée, et l'on est même souvent forcé de creuser une fosse pour recevoir cette partie du balancier qui se prolonge au-dessous du niveau du sol.

Par le moyen de cette scie, un bloc de marbre ou de toute autre pierre, placé sur deux pièces de bois et fixé solidement entre les poteaux B, peut être débité, par un seul homme, en plusieurs plaques à-la-fois.

M. Balleux s'en est servi avantageusement pour scier la malachite du beau chambranle de cheminée de M. de Demidoff, dont nous avons parlé ailleurs.

Il y a encore une autre manière de débiter les marbres et les autres pierres du même genre, c'est par le moyen des scies à eau, dont on tire le plus grand parti *à Grenoble*, *à Liége*, *à Saint-Maurice* dans les Vosges, et sur lesquelles nous reviendrons quand nous dirons un mot de ces manufactures en particulier; nous allons continuer de suivre le travail du marbrier.

§ III.

Des différentes formes que l'on donne au marbre.

Lorsque le marbre est réduit en tables minces, il peut être employé soit à revêtir le bas des murs ou à couvrir le dessus de certains meubles, et dans ce cas, on le laisse le plus souvent sous la forme de plaques carrées ; mais quand il s'agit de les tailler en rond ou en ovale, cela demande un peu plus de temps et des manœuvres particulières. Lors donc que l'on veut former une table ovale, par exemple, on fixe, avec du plâtre, sur la plaque encore irrégulière, un ovale de fer, et, au moyen d'une sciotte (1), l'on trace un trait creux autour de l'ovale, en ayant soin d'en côtoyer exactement les contours. De cette manière, on obtient facilement des tables rondes, ovales ou polygones. Quant aux pièces cylindriques, comme colonnes, vases ou coupes, elles

---

(1) La sciotte est une petite scie à main dont se servent les marbriers, pour enlever les rognures : elle est composée d'un morceau de tôle recouverte d'un morceau de bois tourné ; elle est figurée dans l'Encyclopédie méthodique.

se fabriquent au moyen du tour, c'est-à-dire, qu'on les place entre les pointes d'une forte poupée, et qu'on leur imprime un mouvement de rotation par les mêmes moyens que ceux que l'on emploie pour le tour des grosses pièces en bois, en même temps qu'à l'aide d'un ciseau d'acier, l'on trace les moulures et les filets qui doivent orner ces divers objets. Les vases polygones ou ovales s'ébauchent au ciseau.

§ IV.

De la manière d'évider les vases de marbre, de granit, de porphyre, ou de toute autre matière.

Après avoir tracé les contours extérieurs d'un vase, il est souvent nécessaire d'en évider l'intérieur, soit par nécessité absolue, soit pour lui donner plus de légèreté, soit enfin, quand la matière est précieuse, pour tirer parti du culot que l'on peut en extraire; mais comme, dans tous les cas, on doit s'efforcer d'accélérer la marche de cette opération assez difficile, après nombre d'essais pour parvenir à ce but, on s'en est tenu à la machine que nous allons tâcher de faire connoître, en nous efforçant d'en indiquer le jeu le plus clairement qu'il nous sera possible.

Cette machine, que nous nommons *moulin à évider*, est représentée pl. VI, fig. 1. Elle est composée de quatre pieds de bois AAAA qui portent une pierre carrée et creuse BB, ainsi qu'une potence de fer C.

Lorsque l'on veut évider une pierre quelconque à l'aide de cette machine, on la fixe avec du plâtre au milieu de la pierre BB, de manière à ce que son centre soit parfaitement au-dessous du trou a de la potence C. Quand la pierre est ainsi solidement assujétie, l'on passe l'extrémité b de la manivelle c dans le trou rond de la potence C, et l'on adapte à la branche inférieure d, le trépan ou tuyau à évider e, qui lui-même est monté sur une rondelle de bois f, percée, à son entrée, d'un trou carré, et qui peut, ainsi que le tuyau qu'elle porte, monter et descendre librement sur la branche inférieure d de la manivelle. Mais avant d'aller plus loin, il est nécessaire de jeter un coup-d'œil sur la figure, et d'examiner de quelle manière le trépan est en contact avec la pièce à creuser. Le tuyau à évider étant ainsi abaissé sur la pierre, il ne s'agit plus que de le faire mordre sur elle, de le forcer à pénétrer dans sa pâte , et d'y décrire un trait de scie circulaire : pour cela , il faut qu'il presse sur elle avec une certaine force, et il faut encore que cette force soit toujours égale, ce qui s'effectue au moyen de plaques de plomb rondes et percées au centre , que l'on passe dans la branche inférieure de la manivelle, et qui viennent appuyer sur la rondelle de bois en *gg;* par ce moyen, le tuyau à évider est toujours pressé par une force égale et que l'on peut augmenter ou diminuer suivant la matière sur laquelle on travaille.

Jusqu'ici la manœuvre de cette machine est très-aisée : l'ouvrier, debout, tourne la manivelle *c* d'une main, tandis que de l'autre il verse du sable ou de l'émeri délayé dans de l'eau; du sable, lorsque c'est un marbre qu'il travaille ; de l'émeri , quand c'est une pierre plus dure (1).

Lorsque le premier tuyau à évider s'est enfoncé à une profondeur convenable dans l'intérieur de la pierre, on en adapte un autre

______

(1) Si l'on vouloit évider plusieurs pièces à-la-fois , c'est-à-dire avec un seul homme, on mettroit à la place de la vis *h*, une roue horizontale qui communiqueroit avec des cordes à des machines semblables, et le tout seroit mis en mouvement par un seul homme, au moyen d'une grande roue.

dont le diamètre est plus petit, et l'on pratique un second trait de scie circulaire à côté du premier : il reste donc entr'eux une petite bandelette de la pierre qui est libre dans toute sa circonférence, mais qui tient encore au fond du vase : on s'en débarrasse aisément en la cassant au moyen d'un ciseau mince, et par cet expédient l'on se fraie une route d'environ 8 lignes de large. L'on continue ainsi, si l'on n'a point l'intention de profiter du culot ; mais si l'on veut en tirer parti, on est obligé d'employer une autre machine et de la substituer au *tuyau à évider*.

Cette machine B est une espèce de compas de proportion, dont les deux branches se séparent à volonté, qui se courbent en dedans, et dont le prolongement supérieur se renverse en dehors.

Lors donc que la pierre est préparée, comme nous l'avons dit plus haut, l'on introduit les branches du compas, l'une après l'autre, dans le chemin circulaire que l'on a exécuté avec le tuyau à évider ; on les rapproche l'une de l'autre, et l'on finit par les visser solidement au prolongement de la manivelle. Mais avant de faire tourner cette machine, examinons un peu quel en sera l'effet : puisque les branches supérieures de notre compas portent chacune un poids *aa*, il est évident que les deux branches inférieures tendent à se rapprocher ; et par conséquent à mesure que leurs extrémités *b* usent le dessous du noyau, elles font un effort qui va toujours en croissant, et qui finiroit indubitablement par déterminer la séparation totale du noyau d'avec le fond du vase ; mais quand on s'aperçoit qu'il ne tient presque plus, alors un coup sec suffit pour le détacher tout-à-fait. On accélère infiniment cette opération, assez difficile à décrire, en adaptant aux extrémités *b* des branches du compas, deux petits diamans analogues à ceux dont les vitriers font usage ; mais il faut pour cela que l'ouvrage soit assez lucratif pour compenser cette dépense.

Quant au compas **A** dont les deux branches sont tournées en dehors, il s'emploie pour faire des coupes rondes et peu profondes ; et au lieu de le placer à la circonférence, comme le premier, on l'introduit dans un trou que l'on a pratiqué au centre ; du reste, il est parfaitement le même que le précédent. Le moulin à évider et les deux compas qui en sont les accessoires, sont exécutés dans l'atelier de **M. Balleux**, et il en fait journellement usage.

§ V.

De l'uni, du premier et du parfait poli des marbres.

Nous venons de débiter les marbres en plaques minces, et de leur donner les formes qui conviennent aux divers usages auxquels on les destine.

Il s'agit maintenant de leur faire prendre ce poli brillant qu'ils sont susceptibles d'acquérir et qui en fait le plus grand mérite.

Pour polir une plaque de marbre, on la place sur une table de bois élevée à hauteur d'appui; on ébauche sa surface avec du très-gros grès humecté d'eau, et cette opération a pour but principal de faire disparoître totalement les petites inégalités que la scie auroit pu laisser par suite de quelque fausse manœuvre.

On se sert d'une pierre de grès taillée, pour unir les filets et les moulures, après avoir *dégauchi* le marbre, car c'est ainsi qu'on appelle cette première opération; on fait usage de morceaux de poterie demi-cuite ou encore en biscuits, réunis plusieurs les uns à côté des autres, de manière à ce qu'on puisse les tenir commodément, et l'on frotte ainsi le marbre une seconde fois.

Cette opération que l'on appelle *passer au rabat*, a pour but de perfectionner les moulures et d'adoucir les grains du marbre, de manière à le préparer à recevoir le poli.

Après le *rabat*, il faut *doucir à fond* avec la pierre ponce, afin d'effacer les traits et les chemins qui pourroient encore rester ; et c'est de cette troisième opération que dépend tout le brillant et toute la perfection du poli.

Quand on a douci le marbre, toutes les opérations qui suivent celle-ci, tendent toutes à le polir.

C'est ainsi qu'on le frotte avec une molette de chiffons bien imprégnée de boue d'émeri et de limaille de plomb, jusqu'à ce que l'on ait obtenu un premier poli. Après quoi, pour parvenir au parfait brillant, on le frotte avec de la potée rouge semblable à celle dont on fait usage à Paris pour polir les glaces de la manufacture de Saint-Gobin. Enfin, pour relever le poli, l'on se sert de potée d'étain de première qualité quand ce sont des marbres colorés, et de potée d'os quand ce sont des marbres blancs (1).

---

(1) La potée d'os est faite avec des os de mouton calcinés, réduits en poudre par la trituration et finement tamisés.

Presque tous les marbriers mettent de l'alun dans l'eau dont ils se servent pour charger leur molette, ce qui donne un certain brillant au marbre : quand on l'emploie modérément, il facilite beaucoup le travail ; mais quand on en met trop, le poli n'est que factice ; le marbre se ternit et se tache par l'humidité, de manière qu'il faut être extrêmement sobre de cet ingrédient et ne l'employer même qu'à toute extrémité, parce qu'autrement on s'expose à livrer des ouvrages qui deviennent ternes et tachés par la moindre humidité. C'est surtout aux maîtres marbriers à surveiller leurs ouvriers sur ce point essentiel, parce que, comme l'alun abrège infiniment leur travail, ils en font souvent un usage immodéré.

§ VI.

Moyens de boucher les crevasses des marbres.

Lorsqu'on a passé le rabat sur les marbres, c'est là le moment où l'on découvre les différens défauts, que l'on appelle crevasses ou terrasses, et qu'il est essentiel de remplir. On se sert d'un mastic qui est composé de trois onces de cire jaune sur une livre de ré-

sine, le tout fondu ensemble et réduit en espèces de bâtons; ensuite, au moyen d'un fer
chaud que l'on appelle pince, l'on graisse les
parois de la cavité que l'on désire de remplir
avec ce mastic, et au moyen de gomme laque
et de petits fragmens du même marbre que celui qu'on raccommode, on finit par remplir
les crevasses dont nous avons parlé plus haut,
et cela paroît d'autant moins à l'œil, que l'on
polit ces défectuosités avec le reste de la pièce
que l'on a raccommodée immédiatement après
l'avoir fait passer au rabat.

Telle est la manière dont les marbriers de
Paris, de Lyon, de Grenoble, etc., polissent
leurs marbres proprement dits; quant aux granits et aux porphyres, ils les polissent avec de
l'émeri en grain et un cube de plomb au moyen
duquel ils frottent la surface de ces roches dures
jusqu'à ce que l'émeri soit réduit en une bouillie
dont la finesse soit impalpable. Mais quelque
soit le soin qu'on apporte dans le poli des pièces plattes, il n'approche jamais de celui des
ouvrages qui peuvent se polir au tour.

C'est ainsi qu'il est presqu'impossible de faire
prendre un beau poli aux tables de granit des
Vosges, tandis que les colonnes que l'on peut
en faire, reçoivent au tour le poli le plus éclatant,

§ VII.

Remarques ·sur la manière de sceller le marbre.

La plus grande partie des ouvrages en marbre étant composés de plusieurs pièces, on est obligé de les assujétir au moyen de scellemens que l'on pratique à chaque jointure, avec des tenons de cuivre ou de fer proportionnés à leur grandeur.

Mais quand on n'a pas soin de bien boucher les sections qui existent toujours entre les jointures d'une pièce à une autre, et que ces ouvrages sont exposés à l'air, l'eau s'introduisant dans ces petites fentes, oxide ou rouille les tenons, et cette rouille finit par tacher le marbre d'une manière très-désagréable et ineffaçable, en sorte qu'il faut avoir soin de tenir les tenons de fer ou de cuivre toujours à l'abri du contact de l'air et de l'eau. Cet inconvénient peut se remarquer tous les jours sur les piédestaux des statues qui sont sur la terrasse du bord de l'eau du jardin des Tuileries à Paris.

§ VIII.

Sur la flexibilité des marbres blancs.

Lorsque les marbres blancs sont réduits en lames minces et d'une certaine étendue, et qu'ils sont exposés à une chaleur douce, mais long-temps soutenue, il arrive souvent qu'ils acquièrent une flexibilité très-sensible même à la vue, c'est-à-dire que leur surface, au lieu d'être parfaitement droite, se courbe en dessous et décrit ainsi le segment d'un grand cercle. On peut remarquer ce phénomène dans la plupart des tablettes, des chambranles de cheminées qui sont faits en marbre blanc.

Ce singulier effet tient à ce que le marbre blanc étant composé d'une infinité de petits grains, et chacun d'eux étant distinct et séparé, il arrive que lorsqu'on chauffe ce marbre, chacune de ses molécules se dilate, et que lorsque, par le refroidissement, elles reprennent leur volume ordinaire, elles ne se replacent point tout-à-fait dans leur position primitive; de sorte que la distance infiniment petite qui les séparoit, devient un peu plus considérable et leur permet un certain jeu qui donne naissance à la

flexibilité que ces marbres sont susceptibles d'acquérir.

Mais à part ces marbres qui sont devenus
flexibles par un moyen purement mécanique,
il en existe, comme nous l'avons vu à l'article
des marbres blancs antiques, quelques uns qui
sont doués naturellement de cette singulière
propriété; mais, dans ce cas, elle tient soit à
un relâchement dans la connexion des molécules, soit à une infinité de lames micacées
interposées entr'elles, et qui font toutes un petit mouvement de flexibilité qui, multiplié par
le nombre de ces lames, produit au total une
flexibilité générale très-sensible. Ce même phénomène se présente d'une manière très-appa-
rente dans un grès du Brésil, qui est très-recherché pour les collections minéralogiques.

§ IX.

*De l'altération qu'éprouvent certains mar-
bres, lorsqu'on les expose à l'air et à la
pluie.*

Tous les marbres qui sont composés de ple-
sieurs substances hétérogènes ou étrangères à leur
propre matière, sont susceptibles de se décomposer à l'air avec plus ou moins de facilité, et

parmi ces marbres peu durables, nous citerons le marbre campan, les marbres cipolins, les marbres dits vert de mer et vert d'Egypte, qui se trouvent sur la côte de Gènes, le marbre poireau, le marbre vert antique, et en général tous ceux qui sont mélangés de matière talqueuse, ou qui sont souillés par des pyrites. Dans les premiers, ce qui cause leur décomposition, c'est la matière talqueuse qui se détruit et entraîne la destruction totale du marbre ; dans le second, ce sont les pyrites qui s'effleurissent et qui tombent bientôt en poussière. Lorsque ces marbres commencent à s'altérer, ils paroissent comme cariés, et bientôt après ils tombent en éclats et finissent par se dégrader totalement. Il faut donc éviter de les employer à l'extérieur des édifices : nous remarquerons cependant que lorsqu'on choisit du cipolin qui n'est point trop mêlé de talc, il est susceptible de résister long-temps à l'action destructive et combinée de l'air, de l'eau, du soleil et de la gelée.

De quelques Scieries particulières.

I.

Marbrerie de M. André Dumont, *à Liége, département de l'Ourthe* (1).

La Marbrerie de M. André Dumont, à Liège, est située sur une petite branche de la Meuse, et les différentes machines qui la composent, sont mises en mouvement par une roue à eau, dont l'arbre porte des mentonnets qui s'engrainent dans des roues qui font mouvoir d'une part deux scies à plusieurs lames, par le moyen d'un axe coudé, ainsi qu'elles sont figurées pl. VII, fig. 2, en *aa*, et qui servent à débiter promptement, huit, dix et jusqu'à douze plaques de marbre à-la-fois (2). Ces lames

(1) Cette note m'a été communiquée par M. Faujas, et la pl. VII qui représente les deux principales pièces de cette marbrerie, a été traduite du dessin en grand que ce savant naturaliste a fait faire sur les lieux, par l'un des fils de M. Dumont.

(2) Le nommé Bourse a établi une scierie à eau à

de scie sont fixées solidement entre des chassis de bois *bb*, qui ont environ vingt pieds de long et qui glissent entre quatre forts poteaux *cccc*, en même temps qu'ils sont suspendus à des cordes *dddd*, qui s'enroulent sur des rouleaux de bois, et que l'on lâche à mesure que les scies entrent dans les blocs qu'elles doivent débiter à l'aide d'un sable mouillé dont on les arrose souvent.

La même roue à eau fait aussi tourner, au moyen d'un engrainage, une roue horizontale traversée par quatre grandes traverses de vingt pieds de long, qui vont aboutir à la circonférence de cette roue, pl. VII, fig. 1 *aa*.

Cette roue horizontale et armée de fortes dents, est mise en mouvement par une autre petite roue *b* qui communique, par le moyen d'un cylindre *c*, avec le reste des rouages ; et cette machine ingénieuse est destinée à unir des carreaux de marbre qui servent à paver les églises et les appartemens. On place ces carreaux encore raboteux, entre les branches *aa* ; de sorte que, malgré qu'ils n'y soient que posés,

---

Paris, sur la Bièvre, près du jardin des Plantes, qui est fondée sur le même principe, et avec laquelle il débite la pierre dite de liais, ainsi que la roche de Montrouge.

ils ne peuvent s'écarter de leurs places, puisqu'ils sont retenus de chaque côté par les bandes de la roue qui, lorsque celle-ci est mise en mouvement, les entraînent tous à-la fois et leur font parcourir ainsi toute la circonférence que cette roue emporte. Celle dont il est ici question, a environ soixante pieds de tour; et comme ces carreaux tournent ainsi sur une platte-forme de pierre très-dure; qu'on a soin d'y jeter souvent du grès et de l'eau, et qu'ils agissent par leur propre poids, en peu de temps, au moyen de cette roue, on parvient à unir cent carreaux de marbre, d'un pied en tout sens, de manière à ce qu'ils soient par la suite très-faciles à achever de polir. On pourroit adapter à de semblables roues tous autres moteurs que l'eau, tels que le vent ou les chevaux.

M. André Dumont, qui est propriétaire de cette belle marbrerie, joint à une grande activité pour son art, des connoissances en histoire naturelle, qui le rendent doublement recommandable aux yeux des voyageurs.

II.

Atelier de Saint-Maurice dans les Vosges, où l'on travaille les granits de cette chaîne de montagnes (1).

Le lieu où l'on travaille les roches granitiques et porphyritiques qui constituent la chaîne des Vosges, s'appelle *la Mouline*; il est éloigné d'un quart de lieue de Saint-Maurice, qui lui-même est situé au pied de la plus haute montagne des Vosges, *le Balon*.

Cet établissement, dont M. Champi est propriétaire, est composé d'un vaste chantier où les blocs, simplement équarris, sont emmagasinés jusqu'au moment où ils doivent être employés, et par conséquent introduits dans les ateliers pour y être travaillés. Ces ateliers sont de misérables hangards à peine couverts, où six ouvriers seulement sont employés à différens travaux, mais qui, néanmoins renferment

(1) Communiqué par M. Gérardin de Mirecourt, ex-professeur d'histoire naturelle à l'école centrale des Vosges, attaché au jardin des Plantes, et auteur de l'Ornithologie de la France, 2 vol. in-8°. et atlas. (Paris, chez l'auteur, rue Saint-Victor, n°. 9.

des machines assez ingénieuses destinées à débiter, tourner et polir les diverses pièces qu'on y fabrique. Lors donc que les blocs sont placés sous les scies hydrauliques qui sont destinées à les refendre et qui diffèrent peu de celles figurées pl. VII, fig. 2, on abaisse, sur ces masses de granit ou de porphyre, autant de lames que l'on en veut obtenir de plaques; on lâche le courant d'eau qui doit tout mettre en mouvement, et ce n'est qu'après plusieurs mois seulement qu'on parvient à réduire ces masses en tables d'environ un pouce ou quinze lignes d'épaisseur. M. Gérardin m'a assuré qu'une lame de scie, telle que celles que l'on emploie à Saint-Maurice, c'est-à-dire de cinq pouces de large sur une ligne ou une ligne et demie d'épaisseur, ne duroit que quarante-huit heures; et que, pendant ce laps de temps, elle ne pouvoit couper que trois à quatre lignes de granit, malgré qu'un ouvrier fût continuellement occupé à arroser la scie avec du sable et de l'eau : voilà aussi ce qui est cause du prix beaucoup trop élevé des ouvrages faits avec ces roches.

Lorsqu'il s'agit de tourner des colonnes ou des vases de ces mêmes pierres, on les ébauche avec le ciseau et l'on finit par les placer entre les deux pointes des poupées d'un énorme tour;

ensuite on les fait tourner par les moyens ordinaires; l'on applique dessus une plaque d'a-
cier, en demi-cercle, épaisse d'un pouce et
longue de six; et comme cette plaque est dentée en-dessous, à-peu-près comme une lime,
on fait disparoître successivement les inégalités dans toutes les parties de la colonne ou du
vase, et l'on dispose ainsi ces pièces à recevoir
le poli.

Quant aux tables, aux carreaux et aux autres pièces plates, lorsqu'on veut les unir, on
en fixe une très-solidement sur un massif de
pierre, au moyen d'un chassis de bois; on en
place une autre sur la première, qui est également fixée dans un chassis solide; mais cette
seconde pièce est mise en mouvement par une
mécanique assez simple qui dépend de la roue
à eau, la même qui fait marcher les scies et
le tour. Par ce moyen, la plaque supérieure
va et vient sur celle qui est attachée fixement,
et à l'aide du grès et de l'eau qu'on ne cesse
d'y jeter, les deux surfaces s'unissent récipro-
quement, et on leur donne le poli à la main,
au moyen de la ponce, de la potée d'étain et
du tripoli; mais le poli qu'on leur fait recevoir
à la Mouline, est si imparfait, que les marbriers de Paris sont obligés de les faire repolir
avec de l'émeri et du plomb.

III.

Description de la scie à eau des marbriers de Grenoble (1).

La scie à eau que les marbriers de Grenoble emploient pour débiter les marbres des départemens environnans, diffère peu, quant au fond, de celle de M. Dumont, de Liège; nous en avons fait graver le plan et le profil, pour qu'on pût la comprendre avec plus de facilité, pl. VIII, fig. 1 et 2.

Elle est composée d'une roue à eau, horizontale, à 16 augets ou cuillers A, qui est mise en mouvement par un courant d'eau qui se précipite dessus par le moyen d'un petit canal incliné de 45 degrés B; cette rigole est garnie d'une écluse C qui donne ou ôte l'eau à volonté, par le moyen du balancier et de la chaîne D. La roue A est traversée par un arbre vertical E surmonté d'une manivelle coudée en fer F, qui s'adapte à l'extrémité *a* de la tiraille G.

(1) Le dessin et la description de cette machine, m'ont été communiqués par M. Héricart de Thury, ingénieur des mines.

La même pièce de bois G, tient à l'anneau I par la charnière H, et le collier I emboite les deux montans de la scie *jj*, et il y est fixé au moyen d'un boulon, de manière qu'à mesure que la scie descend, on peut le monter successivement dans les trous 1 2 3, pour maintenir la tiraille dans une position toujours horizontale. Les quatre montans *jj* sont assujétis en haut par deux tenseurs *k,k,k,k*, à vis qui, en même temps, servent à maintenir les cinq lames de scie LL dans une position parfaitement parallèle. Quant au bloc de marbre M, il est posé sur deux rouleaux NN, et il est assujéti, avec des coins, entre le cadre *oo*, qui lui-même repose sur trois pièces de bois P,P,P.

Q et R représentent le chemin que fait la scie, lorsque la machine est mise en mouvement par le courant d'eau qu'on retient ou qu'on lâche à volonté.

Pesanteurs spécifiques des principales pierres précieuses.

1	Hyacinthe (zircon ou jargon des lapidaires).	4,39
2	Saphir (gemme orientale).	4,13
3	Grenats (les différentes espèces de) de 3,60 à	4,13
4	Cymophane (chrysolite chatoyante).	3,80
5	Rubis spinelle.	3,70
6	Malachite	2,60
7	Topaze	3,54
8	Diamant.	3,53
9	Péridot (chrysolithe).	3,43
10	Jade (néphrite ou pierre néphrétique).	3,17
11	Spath-fluor	3,14
12	Lapis (lasulithe, ou lapis lasuli).	2,85
13	Émeraude	2,74
14	Cristal de roche (quartz hyalin des minéralogistes (.	2,62
15	Pierre de Labrador (feld-spath opalin).	2,62
16	Jaspes	2,58
17	Agathes	2,57
18	Pierre des Amazones (feld-spath vert),	2,36
19	Jayet.	1,26
20	Succin (ambre).	1,08

Observations.

On ne s'étonnera point si ces pesanteurs spécifiques diffèrent un peu, dans les décimales, de celles qui sont rapportées dans le courant de cet ouvrage, parce que voulant rendre ce tableau en quelque sorte plus général, on a pris les moyennes proportionnelles des pesanteurs spécifiques du Traité de Minéralogie de M. Haüy. Les chiffres qui sont à la tête de chaque ligne, indiquent le rang que chacune des pierres occupe dans l'échelle des gravités spécifiques. On y voit, par exemple, que le diamant, que plusieurs auteurs ont assuré être le plus pesant de toutes les gemmes, n'y occupe cependant que le huitième rang, ou plutôt le septième, en faisant abstraction de la malachite, qui est une substance métallique.

Pesanteur spécifique en pied cube des principaux granits, porphyres, marbres et albâtres.

		liv.
1	Basalte volcanique	210
2	Porphyre vert antique.	203
3	Marbre brèche de la Tarentaise.	200
4	Porphyre rouge antique d'Egypte.	196
5	Marbre blanc de Paros . . . . : . .	196
6	Marbre de Sainte-Anne. . . . . , ...	195
7	Marbre jaune antique.	191
8	Marbre campan	190
9	Granit rouge d'Egypte ou de la colonne de Pompée.	189
10	Granit gris antique.	189
11	Marbre noir de Dinan.	189
12	Marbre brocatelle d'Espagne.	189
13	Marbre blanc de Carrare.	189
14	Marbre griotte.	189
15	Marbre cipolin antique.	189
16	Marbre bleu turquin.	188
17	Marbre de Sainte-Beaume.	185
18	Marbre noir antique.	182
19	Albâtres calcaires	181
20	Albâtres gypseux.	154

TABLE ALPHABÉTIQUE.

A.

C.

D.

E.

Épidote, pierre tendre, 156. Dans des roches quartzeuses, 307.

Erdpech (allemand). Voy. *Jayet*.

Escarboucle des anciens et des lapidaires, est un grenat, 74, 76.

Espagne. Ses marbres, 427.

Essai des pierres fines, 3.

Euclase, neuvième pierre précieuse, 77.

Evider les vases de marbre, etc. Description de cette manœuvre, 504.

Exploitation du marbre, 498.

F.

Fasriger gyps (allemand). Voy. *chaux sulfatée soyeuse*.

Faujas de Saint-Fond (M.) a fait connoître le corindon en France, 54. Morceaux de son cabinet, 126, 164, 256, 343, 441. A trouvé des carrières de noir antique, 331.

Fausses pierres, manière de les reconnoître, 208.

Feld-spath, pierre tendre, 159. Limpide, *ibid.* nacré, 160. Opalin, 161. Vert, 163. Bleu, 165. Aventuriné, *ibid.* Compact, 166. Jadien, *ibid.*

Felsberg en Hesse; granit qu'on y trouve, 279.

Fer contenu dans du quartz, 85.

H.

I.

K.

Kochsalz (allemand). Voy. *Soude muriatée.*

Kœnigsberg. On y travaille le succin, 188.

Kosmütz en Silésie. On y trouve des prases, 104.

Kruyer, lapidaire à Paris. Chaînettes de cristal qu'il a exécutées, 84.

L.

Labrador, pierre de, voy. *feld-spath opalin.*

Labradorische hornblende (allemand). Voy. *hypersthène.*

Lame d'acier pour essayer la dureté des pierres, 14.

Lancette (pierre à). Voy. *Jaspe vert*, 139.

Languedoc (marbres du), 358.

Lapidaire. De son art, 211.

Lapis lasuli, pierre tendre, 169.

Lard (*pierre de*), voy. *talc glaphique.*

Lave propre à être taillée et polie, 488.

Lavezzi (île de); ses granits, 283.

Lazulite, voyez *lapis.*

Lazurstein (allemand). Voyez *lapis lazuli.*

Léman (départ. du). Ses marbres, 373.

Lépidolite, pierre tendre, 171.

Leschenault (M.), a apporté de Java une belle espèce de jaspe vert, 139.

M.

36

Q.

Serviers (col des) de Briançon. Porphyre qu'on y trouve, 268. Brèches siliceuses, 304.

Sibérie. Ses marbres, 442.

Sibrite, voy. *tourmaline apyre*.

Sicile. Ses marbres, 422.

Sicile antique, espèce de marbre, 422.

Simon (M.), graveur à Paris, a gravé sur onix, 108.

Smaragd (allemand). Voy. *émeraude*.

Soude muriatée, est employée par les bijoutiers, 182. Description des mines de Wiliczka, *ibid.* du rocher de sel de Cardona, 183.

Spath (allemand). Voy. *feld-spath*.

Spath calcaire, sert à éprouver la dureté des pierres, 15.

Spath calcaire soyeux, voy. *chaux carbonatée soyeuse*.

Spath fluor, voy. *chaux fluatée*.

Spinelle, voy. *rubis*.

Stalactites. Comment ils se forment, 453.

Stéatite, voy. *talc*.

Steinkohle, (allemand). Voyez *houille compacte*.

Strahlstein (allemand). Voyez *Epidote*.

Stura (départ. de la). Ses marbres, 403.

Succin, ou ambre, employé pour des ouvrages de parure, 187.

U.

Vitreuse, cassure, des pierres, 22.

Vitreux, aspect, des pierres, 12.

Viviani (M.) a découvert la brèche stéatitique de Monte-Nero, 482.

Vique en Murcie. Mines d'améthyste , 88.

Vosges (département des) Ses porphyres, 256, 259, 264, 265, 268. Ses granits, 278, 279, 292. Ses marbres, 404.

Vulpino (pierre de), gypse anhydre, 474.

W.

Walter à Manheim , sa machine à scier , polir et creuser les pierres , 232. Celle à scier plusieurs plaques de pierre à-la-fois, 237.

Wiliczka en Gallicie. Description de ses mines de sel , 182.

Wismuth (*gediegen*) (allemand). Voy. *Jaspe brun à dendrites de bismuth.*

Wolfenbüttel (pays de). Ses marbres, 446.

Z.

Zircon. Voy. *Hyacinthe.*

FIN.

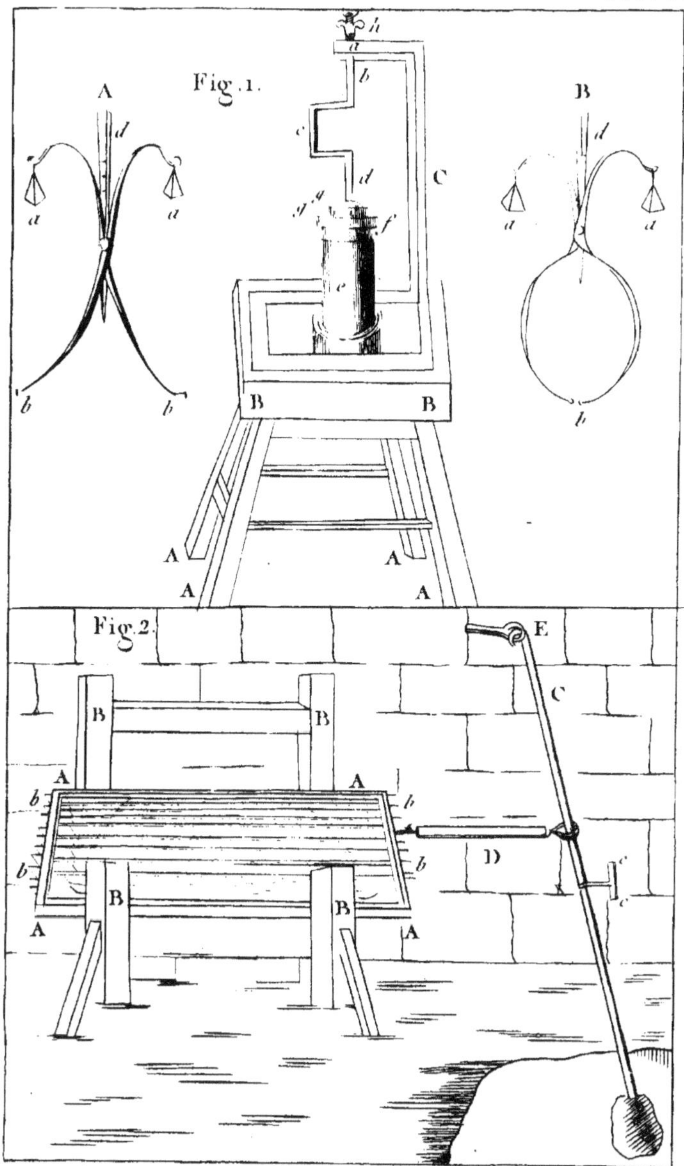

Fig. 1. *Moulin à creuser les Vases de Marbre, &c.*

Fig. 2. *Scie à main servant à débiter les blocs de Marbre, de Granit &c.*

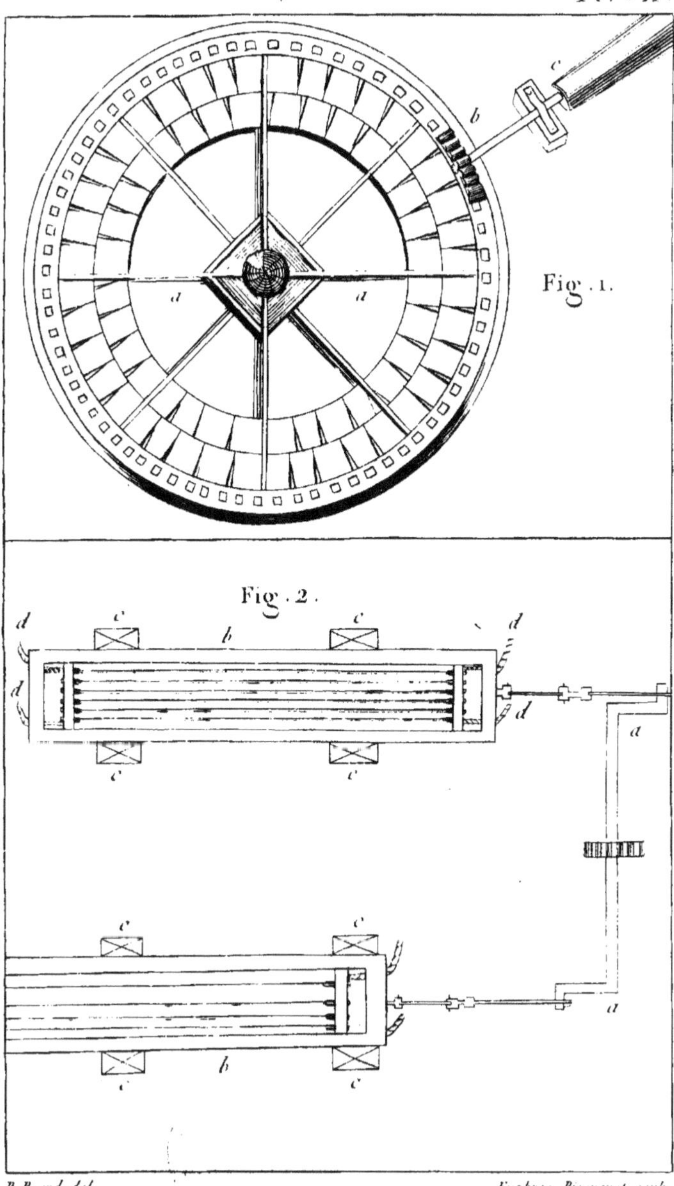

P. Brard del. Euphros. Picquenot sculp.

Fig. 1. *Roue destinée à unir les Carreaux de Marbre.*

Fig. 2. *Scie à eau servant à débiter les Blocs de Marbre.*

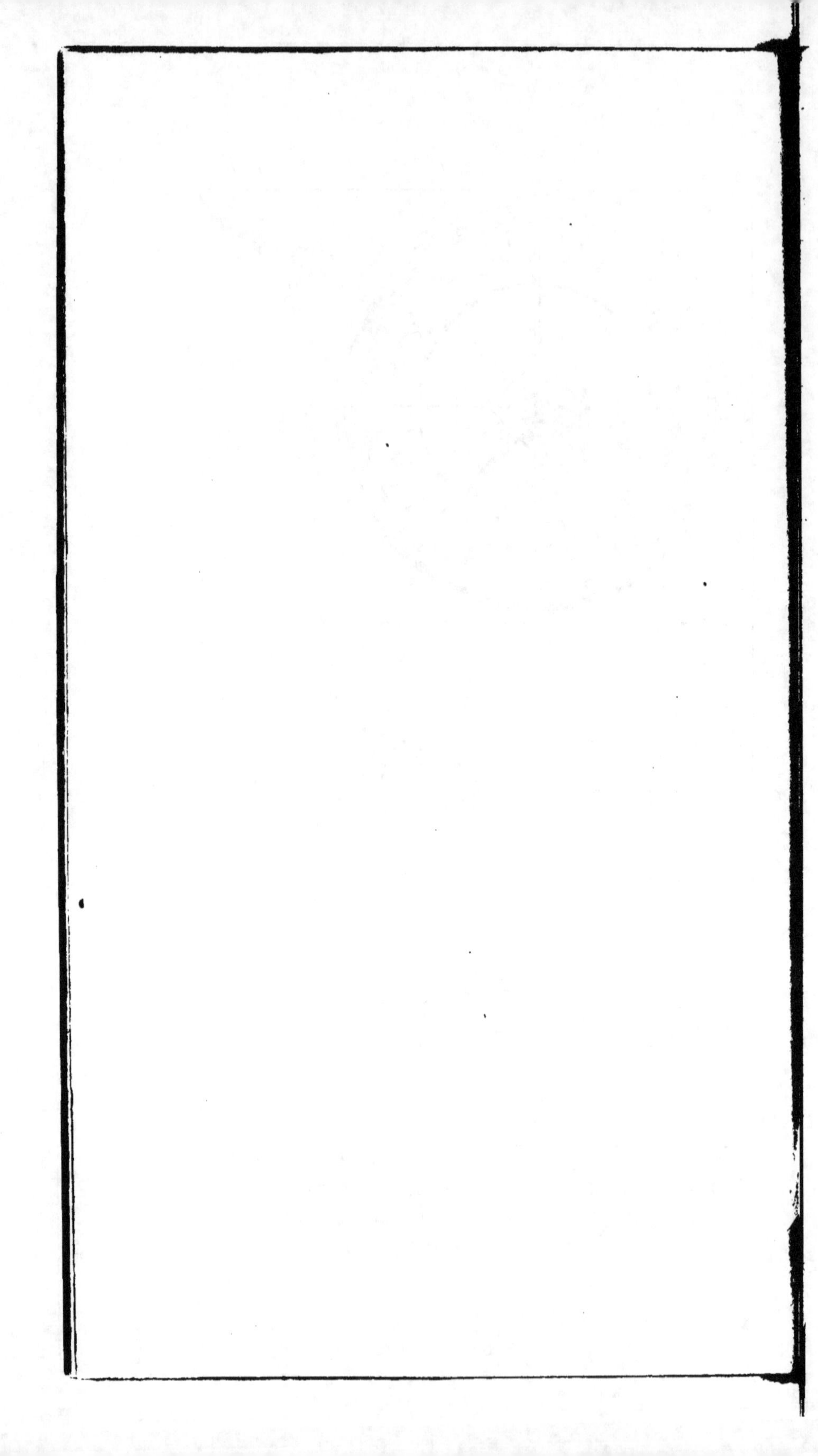

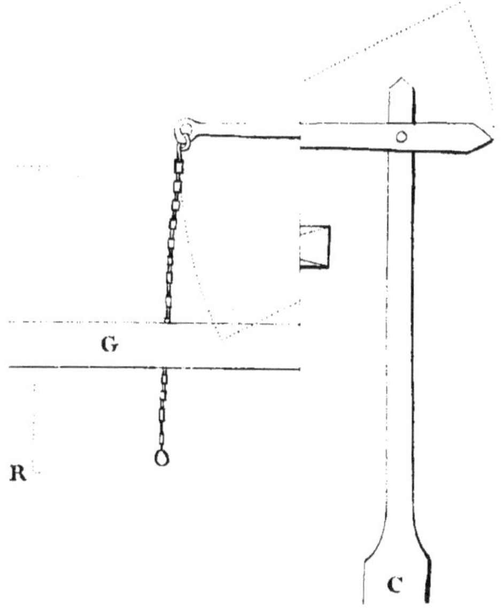

Pl. VIII.
G
R
C

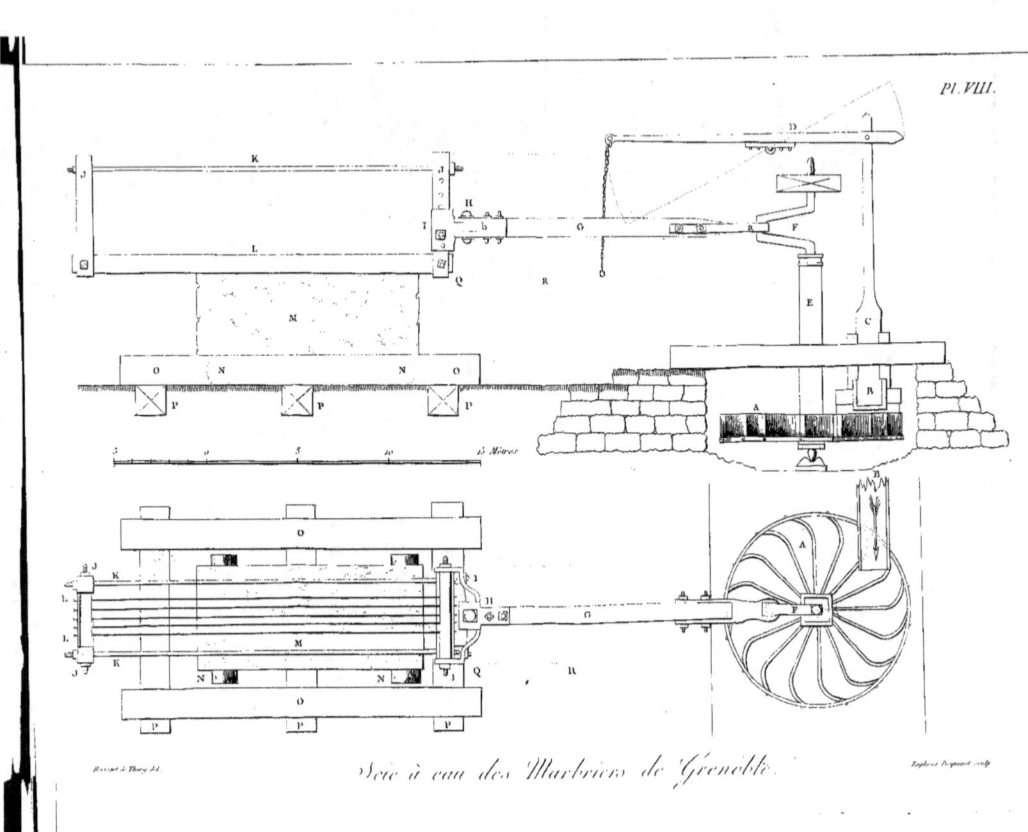

Scie à eau des Marbriers de Grenoble.